高等职业教育“十四五”精品规划教材

焊接自动化应用

主　编　孙　静　刘　婧　刘　小
副主编　蒋国辉　赵运婷　段海雁

天津大学出版社
TIANJIN UNIVERSITY PRESS

内容提要

本书以任务为依托，介绍了自动控制系统的基本概念及结构、焊接自动控制中常用的传感器和控制器、现场总线技术、弧焊电源以及焊接机器人控制技术等知识。本书内容融入课程思政元素，体现智能焊接技术理念，培养学生具备精操作、懂工艺、善协作、能创新的工匠精神。本书可作为高等职业院校“智能焊接技术”专业焊接自动化基础及应用培训教材。

图书在版编目（CIP）数据

焊接自动化应用 / 孙静，刘婧，刘小主编 ；蒋国辉，赵运婷，段海雁副主编. -- 天津 ：天津大学出版社，2025. 1. --（高等职业教育“十四五”精品规划教材）.

ISBN 978-7-5618-7933-7

Ⅰ. TG409

中国国家版本馆CIP数据核字第2025A6N946号

出版发行 天津大学出版社
地　　址 天津市卫津路92号天津大学内（邮编：300072）
电　　话 发行部：022-27403647
网　　址 www.tjupress.com.cn
印　　刷 廊坊市瑞德印刷有限公司
经　　销 全国各地新华书店
开　　本 889mm×1194mm　1/16
印　　张 9.5
字　　数 274千
版　　次 2025年1月第1版
印　　次 2025年1月第1次
定　　价 49.80元

编委会

主　编　孙　静　刘　婧　刘　小（企业）

副主编　蒋国辉　赵运婷　段海雁

前　言

我国正处于产业转型升级的关键时期，现代焊接加工由传统手工焊接向机械化、自动化、智能化焊接的方向迅速发展。焊接智能化在实际工程中的应用快速发展，已经成为先进制造技术的重要组成部分。智能焊接技术的应用也极大地提升了制造行业的工作效率，推动我国制造行业持续向智能化的方向发展。

在智能焊接技术发展进程中，焊接自动化技术的应用越来越广泛。焊接自动化涉及自动控制、计算机、通信、焊接等专业知识，是一个较为复杂的知识体系。对学生来说，不仅要完成焊接技术的学习，还需要进一步理解和掌握焊接自动化涉及的其他知识。

本书深入贯彻国家及行业标准，从焊接自动控制分析和设计出发，介绍常见的传感器知识、执行技术、控制器技术、数字信号处理器应用技术、工业现场总线技术及开发软件应用的初步知识，最后介绍弧焊电源、焊接机器人控制技术，为学生从事焊接自动化系统设计和应用打下基础。

本书编写时采用项目化和任务导入思路，将理论与实践相结合，并融入课程思政元素，体现智能焊接技术理念，培养学生具备精操作、懂工艺、善协作、能创新的工匠精神。本书可作为高等职业院校“智能焊接技术”专业焊接自动化基础及应用培训教材。

本书由天津城市建设管理职业技术学院孙静、刘婧、蒋国辉、赵运婷、段海雁和三一重工三一机器人科技有限公司刘小共同编写。其中，项目一由孙静、刘婧编写，项目二由孙静、赵运婷编写，项目三由孙静、蒋国辉、段海雁编写，项目四由孙静、刘小编写，项目五由孙静、刘小编写，全书由孙静负责策划并统稿。

在本书编写过程中，编者参阅了国内出版社出版的相关教材，得到了相关企业人士的指导，在此一并表示感谢。

限于编者水平，且智能焊接技术发展迅速、创新不断，书中难免存在疏漏和不妥之处，恳请广大读者批评指正。

编者

2024年9月

Contents

项目四　弧焊电源

项目五　机器人控制技术

参考文献

项目一

焊接自动控制基础

项目描述

本项目主要介绍焊接自动化的基本知识，包括焊接自动化的概念、反馈控制系统的组成、自动控制系统的分类、焊接自动化的发展趋势等。

知识目标

- （1）掌握自动控制理论的基本知识。
- （2）掌握焊接自动化的基本工作原理。

能力目标

- （1）能够将自动控制理论应用于实践。
- （2）能够分析焊接自动化中的自动控制过程。

素养目标

- （1）培养学生对自动控制系统的理解能力。
- （2）培养学生对焊接自动控制系统的分析能力。

任务一　焊接自动化概述

焊接自动化
的含义

一、焊接自动化的意义

焊接是制造业中重要的加工工艺方法之一，随着现代科学技术的飞速发展，焊接制造工艺正经历从手工焊到自动焊的过渡。焊接过程自动化、智能化已成为焊接行业发展的必然趋势。

焊接作为一种重要的材料加工方法在工业制造生产中起着重要的作用，在汽车制造厂、造船厂中，各种点焊机器人、专用弧焊装备使用最为广泛。焊接自动化技术的进步，使产品制造的效率更高，零部件及新产品的开发周期更短。

焊接自动化整合了当前多种学科的尖端技术，促进了焊接技术的进步。模糊控制、神经网络模型控制和专家控制系统等方法已经被应用于焊接自动化控制系统中，提高了焊接装备自动化的水平、焊接效率和接头连接性能。焊接自动化技术的进步对加速我国装备制造业的发展，助力我国装备制造业的崛起具有非凡的意义。

二、焊接自动化的概念

焊接自动化主要是指焊接生产过程的自动化。焊接自动化是一个综合性的设计与工艺问题，其主要任务是在采用先进的焊接、检验和装配工艺过程的基础上，建立不需要人直接参与焊接过程的焊接加工方法和工艺方案，以及焊接机械装备和焊接系统的结构与配置。焊接自动化的核心是实现没有人直接参与的自动焊接过程。

焊接自动化有两方面的含义：一是焊接工序的自动化；二是焊接生产过程的自动化。单一焊接工序的自动化是焊接生产自动化的基础，焊接生产过程的自动化是包括从备料、切割、组对、焊接到检验等一系列工序的焊接产品生产全过程的自动化。只有实现了焊接生产全过程的自动化，才能得到稳定的焊接质量和均衡的焊接生产节奏以及较高的焊接生产效率。

仅就焊接工序的自动化来说，要考虑焊接过程和焊接装备的自动控制问题。而焊接过程和焊接装备的自动控制又包含许多内容，如焊接程序的自动控制、焊接参数的自动控制、焊接胎夹具的自动控制、自动装卸料等。然而，焊接工序自动化最基本的问题是应用自动焊机和焊接机械装备构成焊接自动化系统，通过焊接程序的自动控制，完成工件的自动焊接。因此，根据焊接工件的结构特点与焊接质量要求，构建合理的焊接自动化系统是实现焊接自动化的前提。

总之，焊接自动化是基于自动控制理论发展而来的，焊接工艺自动化，若以电弧为控制对象，则属于狭义的焊接自动化；若以整个焊接生产流程为控制对象，并融合各种智能算法、通信、存储等技术，则属于广义的焊接自动化。

三、焊接自动化的关键技术

焊接自动化技术是将电子技术、计算机技术、传感技术、现代控制技术引入焊接机械运动的控制中，也就是利用传感器检测焊接过程的机械运动，将检测信息输入控制器，通过信号处理得到能够实现预期运动的控制信号，由此来控制执行装置，实现焊接自动化。焊接自动化的关键技术主要包括机械技术、传感技术、伺服传动技术、自动控制技术、系统技术等。

焊接自动化
的关键技术

1. 机械技术

机械技术是关于焊接机械的机构以及利用这些机构传递运动的技术。在焊接自动化中，焊接机械装置主要有焊接工装夹具、焊接变位机、焊接操作机、焊接工件输送装置以及焊接机器人等，这些装置可配合焊机进行自动焊接，它们具有以下作用：

(1)使焊接工件装配快速、定位准确；

(2)能够控制或消除焊接工件的焊接变形；

(3)使焊接工件尽量处于最有利的施焊位置，即水平及船形位置；

(4)可以完成组合焊缝的焊接，减少焊接工位；

(5)使焊枪运动，或者焊接工件运动，或者焊枪与焊接工件同时协调运动，完成不同焊接位置、不同形状焊缝的自动焊接。

机械技术就是根据焊接工件结构特点、焊接工艺过程的要求，应用经典的机械理论与工艺，借助于计算机辅助技术，设计并制造出先进、合理的焊接机械装置，实现自动焊接过程中的机构运动。同时，焊接机械装置在结构、重量、体积、刚度与耐用性等方面对焊接自动化都有重要的影响。此外，还应考虑如何使机械技术与焊接自动化相适应，并利用其他高新技术实现焊接机械在结构、材料、性能以及功能上的变化，以减少重量、缩小体积、提高精度和刚度、改善性能、增加功能，从而满足现代焊接自动化的要求。

2. 传感技术

传感器是焊接自动化系统的感受器官。传感与检测是实现闭环自动控制、自动调节的关键环节。传感器的功能越强，焊接自动化系统的自动化程度就越高。

焊接自动化中的传感器有许多种，有关机械运动量的传感器主要有位置传感器、位移传感器、速度传感器、角度传感器等。

由于焊接环境恶劣，一般的传感器难以直接应用，因此焊接自动化中的传感技术就是要发展在恶劣环境下能快速、精确地反映焊接过程特征信息的传感器。

3. 伺服传动技术

要使焊接机械做回转、直线以及其他各种复杂的运动，必须有动力源，这种动力源就是执行装置。执行装置有利用电能的电动机(包括直流电动机、交流电动机和步进电动机等)，也有利用液压能量或气压能量的液压驱动装置或气动装置等。

执行装置的控制技术称为伺服传动技术。伺服传动技术对系统的动态性能、控制质量和功能具有决定性的影响。

随着电子电力技术的发展，驱动电动机的电力控制系统的体积越来越小，控制也越来越方便；随着交流变频技术的发展，交流电动机在焊接自动化系统中的应用越来越普遍。目前，直流电动机和交流电动机都能够实现高精度的控制。可实现高速度、高精度控制是电动机作为焊接自动化系统中执行装置的一个重要特点。

气动装置通常要利用工厂内的气源来工作，它是一种结构简单、使用方便的执行装置。但是，采用气动装置实现高精度的控制比较困难，在焊接自动化系统中，其主要应用于焊接工件的工装夹具。

液压驱动装置在焊接工件工装夹具中的应用越来越普遍，在机器人的手臂驱动装置中也经常采用。虽然液压驱动装置需要液压站系统，但其可以由简单的结构实现大功率驱动。

4. 自动控制技术

在焊接自动化系统中，控制器是该系统的核心。控制器的作用主要是实现焊接自动化中的信息处理与控制，包括信息的交换、存取、运算、判断和决策，最终给出控制信号，通过执行装置使焊接机械装置按照一定的规则运动，实现自动焊接。目前，由计算机、单片机、PLC 构成的控制器十分普遍，为先进的控制技术在焊接自动化中的应用创造了条件。

在焊接自动化中，机械装置运动的控制可以分为顺序控制和反馈控制两大类。其中，顺序控制是指通过开关或继电器触点的接通和断开来控制执行装置的启动或停止，从而对系统依次进行控制的方式；反馈控制是指被控制量为位移、速度等连续变化的物理量，在控制过程中不断调整被控制量，使之达到设定值的控制方式。

焊接自动化中的自动控制技术主要是指：基本控制理论；在控制理论指导下，根据焊接工艺和质量的要求，对具体的控制装置或控制系统进行设计；设计后的系统仿真、现场调试；最终使研制的系统可靠地投入焊接工程应用中。

自动化与自动控制理论的概念关系：自动化是指机器或装置在无人干预的情况下按规定程序或指令自动地进行操作或运行；自动控制理论是关于受控系统的分析、设计和运行的理论和技术。其中，后者是基础，前者是具体实现。

自动控制技术包括硬件控制技术和软件控制技术。利用适当的软件进行控制，无论如何复杂的机械运动都可以实现。这里所说的软件控制技术主要是考虑如何根据传感器检测信号使执行装置和机械装置按照焊接工艺过程的要求很好地运动，并编制出能够实现这种目标的软件程序的技术。

5. 系统技术

系统技术就是以整体的概念组织应用各种相关技术。从系统的目标出发，将整个焊接自动化系统分解成若干个相互关联的功能单元；再以功能单元为子系统进行进一步分解，生成功能更为单一的子功能单元，如此逐层分解，直到最基本的功能单元；最后以基本功能单元为基础，实现系统需要的各个功能的设计。

接口技术是系统技术中的一个重要方面，它是实现系统各部分有机连接的保证。接口包括电气接口、机械接口、人机接口。其中，电气接口实现系统各个功能单元间的电信号连接；机械接口实现不同机械装置之间的连接，以及机械装置与电气装置之间的连接；人机接口提供人与系统之间交互作用的界面。

四、焊接自动化的现状与发展趋势

20 世纪末，我国开始逐渐在各个行业推广自动焊接的基础焊接方式，即气体保护焊，来取代传统的焊条电弧焊，现已初见成效。随着数字化技术的日益成熟，代表焊接自动化技术的数字焊机、数字化控制技术业已面世并已进入市场。信息技术、计算机技术、自动控制技术的发展和应用，正在彻底改变传统手工焊接的面貌，焊接生产过程的自动化已成为一种迫切的需求，它不仅可以大大提高焊接生产效率，更重要的是可以确保焊接质量并改善操作环境。自动化焊接专机、机器人工作站、生产线和柔性制造系统在工程中的应用已成为一种不可阻挡的趋势。焊接行业逐步走向精密化、大型化、多功能化、数字化、智能化和集成化，国内焊接自动化技术将以前所未有的速度发展。

焊接自动化技术的发展水平主要表现在焊接自动化设备的发展水平。目前，我国焊接自动化设备制造企业已经可以按客户的不同需求，设计、制造、集成各种类型的专用焊接自动化设备，并大量采用计算机控制技术、焊缝自动跟踪系统和图像监控系统，以确保焊接过程的焊接质量。

焊接自动化设备制造技术的发展趋势如下。

1. 精密化、高效化

焊接自动化设备朝着高精度、高质量、高效率、高可靠性方向发展，要求焊接自动化系统的控制器以及软件具有较高的信息处理速度、各运动部件和驱动控制具有高速响应特性，且要求其电气、机械装置实现精确控制，并能够长期稳定、可靠地工作。

焊接自动化的现状与发展趋势

2. 集成化、模块化

焊接自动化设备的集成化技术包括硬件系统的结构集成、功能集成和控制技术的集成。现代焊接自动化设备的结构均采用模块化设计，根据不同客户对系统功能的不同要求进行模块组合；且其控制功能也采用模块化设计，可以根据客户需求，快速提供不同的控制软件模块和控制功能组合。模块化、集成化使系统功能的扩充变得极为方便，可实现个性化产品的规模化批量生产，并降低成本、缩短交货期。

3. 智能化

智能化是将激光、视觉、传感、检测、图像处理、计算机等智能控制技术应用于焊接自动化设备中，使其能在各种环境复杂、变化的焊接工况下，根据焊接的实际情况自动调整，实现高质量、高效率的焊接智能控制。

4. 柔性化

在设计焊接自动化设备时需要尽量考虑柔性化，形成柔性制造系统，以充分发挥设备的效能，满足同类产品、不同规格工件的生产需要。焊接自动化设备将广泛采用工业机器人和标准化、模块化单元，实现多品种、小批量产品的柔性化生产。

5. 网络化

网络化是利用计算机技术、远程通信技术等，使焊接加工过程和质量信息、生产管理信息等通过网络实现数字一体化管理，实现脱机编程以及远程监控、诊断和检修。

6. 人性化

人性化是指焊接自动化设备广泛采用数字化、图形化的人机操作界面，设备拥有专家数据库、控制参数实时显示、人机交互等功能，使设备操作更加容易、方便。

五、焊接自动化的主要设备及特点

根据自动化程度不同，焊接自动化设备可以分为刚性焊接自动化设备（又称为初级焊接自动化设备）、自适应控制焊接自动化设备、智能焊接自动化设备三类。根据功能不同，焊接自动化设备又可以分为通用型自动焊机、专用型自动焊机与焊接机器人等。

按照目前世界发达国家的焊接装备水平，可将焊接自动化设备的特点概括如下。

1. 标准化、通用化、系列化

对于大批量生产的典型常用接头形式，如板材对接、筒体纵缝、圆筒环缝、管对接和管板接头等，现在已经开发出相对应的标准型自动化焊接专机，这种焊接机械具有焊接效率高、质量稳定的优点，如工件回转环形焊机、卧式单枪（双枪）环缝焊机、三轴数控焊接机床和焊枪回转环形焊机等。

2. 多功能化

为充分发挥大型焊接自动化设备的生产效率，已将其设计成适用于多种焊接方法和焊接工艺，如单丝、双丝、MIG/MAG-TIG 等离子弧焊和多丝埋弧焊等。

3. 智能化控制和自适应控制

焊接过程的全自动控制比传统的金属切削加工过程要复杂得多。焊接过程的全自动控制必须考虑焊接工件装配间隙误差、几何形状的偏差以及焊接工件在焊接过程中的热变形等，所以需要采用各种自适应控制系统和传感器技术。

4. 组合化和大型化

对于大、中型焊接结构生产过程的自动化，已成功研制出各种大型焊接自动化设备，如厚壁容器焊接中心、机床车厢总装焊接中心、集装箱外壳整体焊接中心等。

5. 高质量、高精度、高可靠性

焊接机器人和精密焊接操作向高精度、高质量发展，行走机构的定位精度为 0.1 mm，移动速度的控制精度为 0.1 mm/s，与焊接机器人配套的焊接变位机的重复走位精度最高为 0.05 mm。

任务二　焊接自动化控制

一、焊接过程被控对象

1. 焊接过程被控对象的特点

针对不同的焊接方法，焊接过程被控对象也不同。例如，激光焊接时，被控对象是激光能量的大小，如离焦量、电流大小；电阻焊接时，被控对象是影响焊接区电阻产热的参数，如电流大小、周波数；摩擦焊接时，被控对象是改变接头处摩擦产热的参数，如压力、转速等。有时即使焊接方法一样，根据不同需要，也可以选择不同的被控对象。

以电弧焊的自动控制为例，当产生了电弧并且焊接过程正在进行时，可以在产生电弧的附近将焊接过程中的直接变量或者间接变量中可以测量的而且是测量性能良好的量作为评定焊缝质量的指标。焊接过程可能受到各种干扰因素的影响而发生变化，选择适当的操纵量便可使被控量得到调整。如果选出满足条件的操纵量，则前面所谈到的那种变化自然而然地就受到了限制。

在电弧焊过程中需要测量的变量有焊缝的熔深、熔宽、截面面积和形状以及焊缝的外观、缺陷的状态等。这些变量几乎不能够直接测量。即使选择间接变量，如温度和温度梯度、熔池及其周围的凝固部分和工件的形状、熔池金属的流动状态、电弧的形状和大小等，其测量也存在不少难度。其原因是由于电弧发出的声、光、热、飞溅等干扰，使其他领域可使用的测量技术在近弧区无法使用。由于焊接时电弧多半是移动的，因此必须使检测器和焊具连在一起才能同时移动。而且近缝区金属处于不稳定的过程和不平衡的状态，要对其准确检测是很困难的。

综上所述，在电弧焊的自动控制系统中，被控量的检测较为困难，因此需要考虑选择一些恰当的操纵量进行控制，如电弧电压、电弧电流、电弧形状、焊接速度、送丝速度、气体流量、焊剂供给量、焊具的位置和倾角等，而且要对以上各量对焊接质量的影响有充分的了解，弄清楚它们之间的动静态关系。

2. 电弧焊过程中的干扰因素

电弧焊过程中的干扰因素有两种：一种作用于控制元件，使前面所列举的操纵量发生变化；另一种作用于控制对象。

作用于控制元件的干扰因素包括：由于电源波动引起的电弧电压、电弧电流、电弧形状、焊接速度、送丝速度等的变动；由于供气源储量不足和送气发生障碍引起的保护气流量、离子气流量、焊剂送给量的变动；由于焊接二维的、三维的变动引起的焊具与焊件相对位置的变动；由于焊件倾斜度改变引起的焊具与焊件的相对角度的变动；垫板状态的改变等。

作用于控制对象的干扰因素包括：焊件厚度、形状、组成的改变；焊丝成分的改变；坡口形状的改变对熔池作用力的变动；焊件积蓄热量的变化等。

二、反馈控制系统的组成

自动控制理论是自动化控制科学的核心，其自创立至今已经经历三代的发展过程。第一代为 20 世纪初开始形成，并于 20 世纪 50 年代趋于成熟的经典控制理论。第二代为 20 世纪五六十年代在线性代数的数学基础上发展起来的现代控制理论。经典控制理论和现代控制理论都是建立在控制对象精确数学模型上的控制理论，而实际工业生产系统中的控制对象和过程大多具有非线性、时变性、不确定性、变结构、多层次、多因素等特点，难以建立精确的数学模型。因此，在 20 世纪 60 年代中期出现了利用熟练操作者的丰富经验、思维和判断能力来实现对复杂系统的控制的第三代智能控制，在其发展过程中综合了人工智能、自动控制、运筹学、信息论等多学科的最新成果，并在此基础上形成了智能控制理论。

从本质来讲，焊接自动化系统就是基于自动控制理论建立起来的，反馈是自动控制系统中的重要环节，其是指在系统与环境相互作用过程中，系统的输出成为输入的一部分，反过来作用于系统本身，从而影响系统的输出。根据反馈对输出产生影响的性质，反馈可以分为正反馈和负反馈，前者增强系统的输出，后者减弱系统的输出。

以一个独立的焊接系统为例，反馈控制系统的组成如图 1-1 所示。

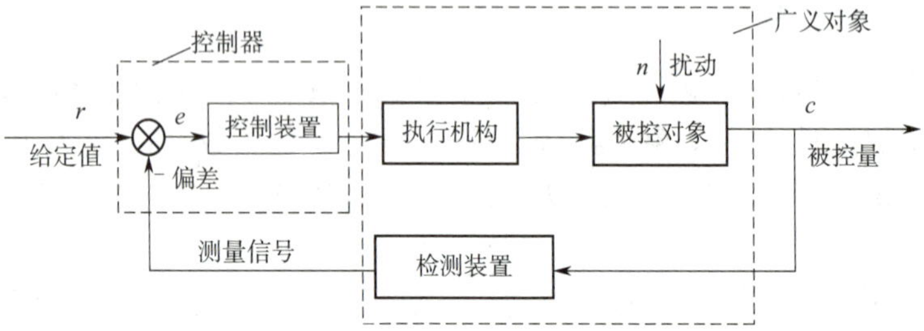

图 1-1 反馈控制系统的组成框图

1. 反馈控制系统的组成

对于各个元件的排列，通常将给定元件放在最左端，控制对象放在最右端，即输入量在最左端，输出量在最右端。将从左至右（即从输入至输出）的通道称为顺馈通道（Feed-forward Path）或前向通路（Forward Path）。将输出信号引回输入端的通道称为反馈通道或反馈回路（Feedback Path）。

反馈控制系统中通常包括输入量、输出量、反馈量、扰动量和中间变量等。

（1）输入量（Input Variable）泛指对系统的输出量有直接影响的外界输入信号，既包括控制信号，又包括扰动信号。

（2）输出量（Output Variable）又称被控制量（Controlled Variable），指反馈控制系统中被控制的物理量，它与输入信号之间有一定的函数关系。

（3）反馈量（Feedback Variable）是指将系统（或环节）的输出信号经变换、处理后送到系统（或环节）的输入端的信号。

（4）扰动量（Disturbance Variable）又称干扰，指除控制信号外，对系统的输出信号有影响的信号。

（5）中间变量是系统各环节之间的作用量，它是前一环节的输出量，也是后一环节的输入量。

2. 反馈控制系统的各种作用量和被控制量

由图 1-1 可以看出，反馈控制系统的各种作用量和被控制量如下。

（1）设定值：工艺参数所要求保持的数值（由人机界面或计算机自动设定的物理量的数值）。

（2）偏差：被控变量设定值与实际值之差。

（3）控制量：控制器的输出，即受控制器控制的用以克服干扰的影响，使被控变量保持设定值的物理量。

（4）被控变量：焊接过程中要求保持设定值的工艺参数（如焊接电流、焊接电压、压力、焊接速度等）。

（5）扰动：除控制变量外，作用于被控过程并引起被控变量变化的因素（如网压波动、工件高度差异、焊缝偏差等）。

（6）负反馈：将被控变量送回输入端，并与输入变量相减。

（7）广义对象：除控制器外的各部分组合在一起，即过程、执行机构、检测装置的组合。

（8）被控量：焊接生产工艺或焊接生产动作。

（9）过程：主要指焊接过程，即电弧熔化工件接头金属的过程。

（10）检测装置：把被控变量转化为测量值的装置，主要由检测机械运动、焊接参数、焊接质量的传感器组成。

（11）比较机构：一般由专用比较电路或计算机比较程序完成偏差的计算。

（12）控制装置：根据偏差的正负、大小及变化情况，按某种预定的控制规律给出控制变量。比较机构和控制装置通常组合在一起，称为控制器，主要指用于机械运动控制的计算机、单片机、PLC 以及电子控制系统。

（13）执行机构：接收控制器送来的信号，并相应地改变执行器的输出，在实际生产过程中主要指功率驱动电路、驱动机械装置运动的电动机或液压、气动装置等。机械装置主要是能够实现某种运动的机构，即配合自动焊机进行焊接加工的装置，如机器人、变位机、悬臂操作机等。

图 1-1 所示框图可以直观地将系统的组成、各环节间的相互关系以及各种作用量的传递情况简单明了地概括出来。

综上所述，要了解一个实际的自动控制系统的组成，可画出系统的组成框图，就必须明确下面的一些问题。

（1）哪个是控制对象？被控变量是什么？影响被控变量的主扰动量是什么？

（2）哪个是执行元件？

（3）测量被控变量的元件有哪些？有哪些反馈环节？

（4）输入量是由哪个元件给定的？反馈量与给定量是如何进行比较的？

（5）此外还有哪些元件？它们在系统中处于什么地位以及起什么作用？

下面通过例题来说明自动控制系统组成和框图。

【例 1-1】 图 1-2 所示为一个水位控制系统的示意图。

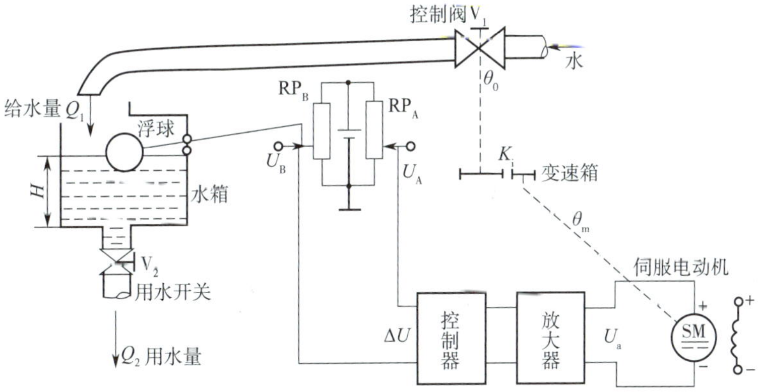

图 1-2　水位控制系统示意图

该水位控制系统的组成框图如图 1-3 所示，直至 $Q_1=Q_2$，$H=H_0$，$\Delta U=0$ 时，电动机停转为止，整个控制过程示意如图 1-4 所示。

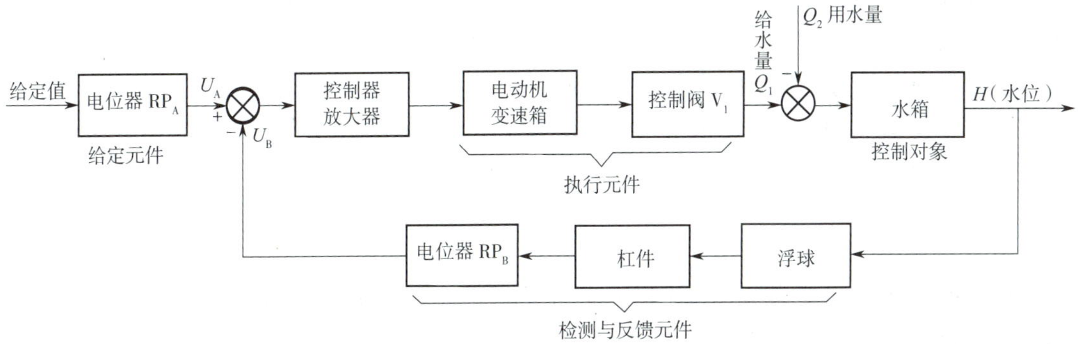

图 1-3　水位控制系统的组成框图

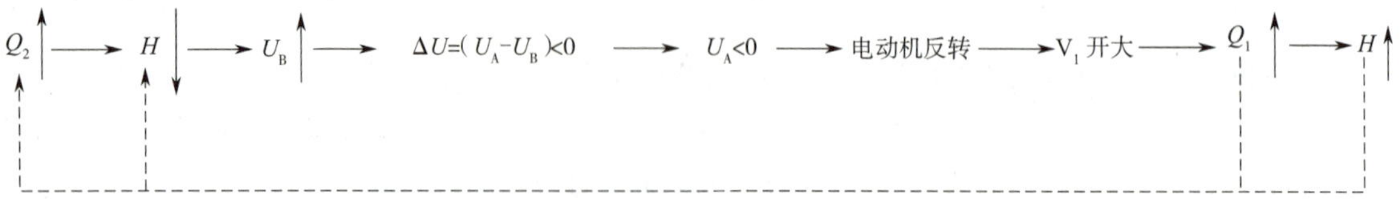

图 1-4　水位控制系统控制过程示意图

三、自动控制系统的分类及要求

自动控制系统是指带有反馈装置的系统，自动控制系统可以自动而连续地测量被控量并求出偏差，进而根据偏差的大小和正负极性进行控制。因此，自动控制系统具有很强的自动纠偏能力，且控制精度较高，其控制的目的是力图减小或消除偏差，使被控量尽量接近期望值。

归纳起来，自动控制系统在结构上必须具有反馈装置，并按负反馈的原则组成系统。采用负反馈，就可以对控制量不断地进行检测，并将其变换成与输入量相同的物理量，再反馈到输入端，以便与输入量进行比较。采用负反馈的目的是取得偏差信号，由偏差产生控制作用，而系统必须按照偏差的性质（大小、方向）进行正确的控制，因此系统中必须具有执行纠偏任务的执行机构。自动控制系统正是依靠放大了的偏差信号来推动执行机构，以便对被控对象进行控制。因此，无论什么原因引起被控量偏离期望值而出现偏差时，相应的偏差信号便随之出现，自动控制系统必然产生相应的控制作用，以便纠正偏差。

自动控制系统有多种类型，最常见的分类方式是根据系统的反应特性分类、根据控制方式分类和根据给定量的性质分类，也可按照被控量对系统的作用分类。

1. 根据系统的反应特性分类

（1）连续控制系统：控制作用在空间和时间上都是连续的系统，一般应用线性模拟调节器或校正装置的电焊机均属此类。

（2）断续控制系统：主要可以分为开关控制系统和离散控制系统，随着计算机控制技术的普及，离散控制系统逐渐成为主流形式。

①开关控制系统：控制作用在空间上不连续的系统，如多工位、位置式焊接自动控制系统。

②离散控制系统：控制作用在时间上不连续的系统，也称采样控制系统，如采用数字调节器的控制系统、采用数字计算机直接控制的系统等。

2. 根据控制方式分类

（1）在线控制系统：只要计算机对受控对象或受控生产过程能够进行直接控制，不需要人工干预的系统，也称为联机控制系统。

（2）离线控制系统：计算机没有直接参与控制对象或受控生产过程控制，而只完成受控对象或受控过程的状态检测，并对检测的数据进行处理，而后制定出控制方案，并输出控制指示，操作人员参考控制指示，手动操作使控制部件对受控对象或受控过程进行控制的系统。

（3）实时控制系统：每当受控对象或受控过程请求处理或请求控制时，控制器能及时处理并进行控制的系统，常用在生产过程是间断进行的场合。

3. 根据给定量的性质分类

（1）定值控制系统：给定值为恒定的控制系统，也称恒定控制系统，如等速送丝控制系统、焊接小车等速行走机构、恒定温度的自动控制系统。

（2）跟踪控制系统：给定量随时间变化的控制系统，可以分为伺服系统、程序控制系统和比例控制系统。

①伺服系统：给定量为时间的任意函数的控制系统，也称为随动系统，如焊缝跟踪系统、自动记录仪等。

②程序控制系统：给定量按预定规律变化的控制系统，如焊接位置的移动控制系统、热处理炉的温度控制系统等。

③比例控制系统：当两个变量需要保持一定比例时，系统的给定量为另一子系统的被控量的控制系统，如焊接电源外特性控制系统。

【例 1-2】 某雷达天线位置跟随系统如图 1-5 所示，其组成框图如图 1-6 所示，自动调节过程如图 1-7 所示。

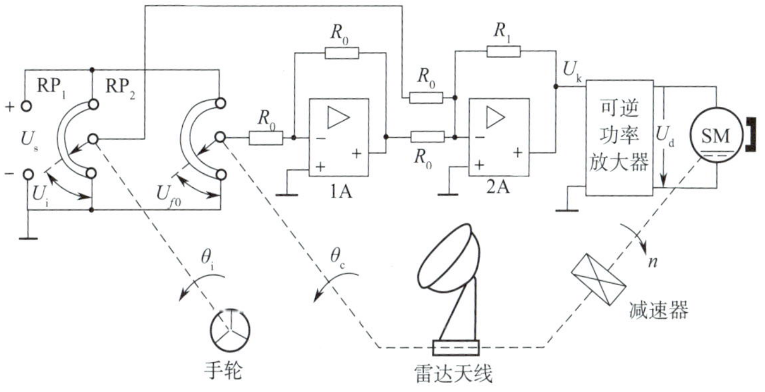

图 1-5　雷达天线位置跟随系统示意图

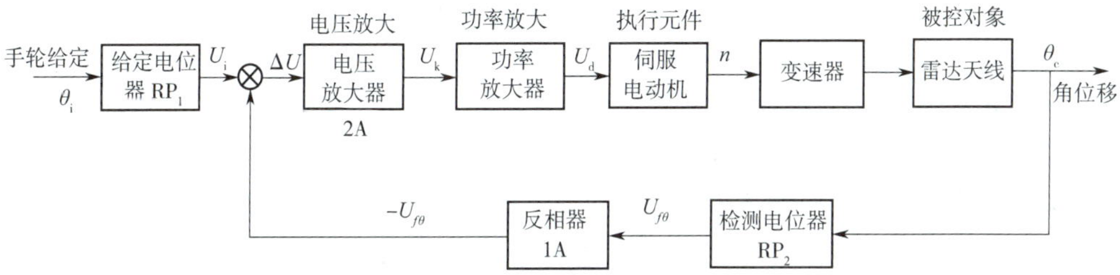

图 1-6　雷达天线位置跟随系统的组成框图

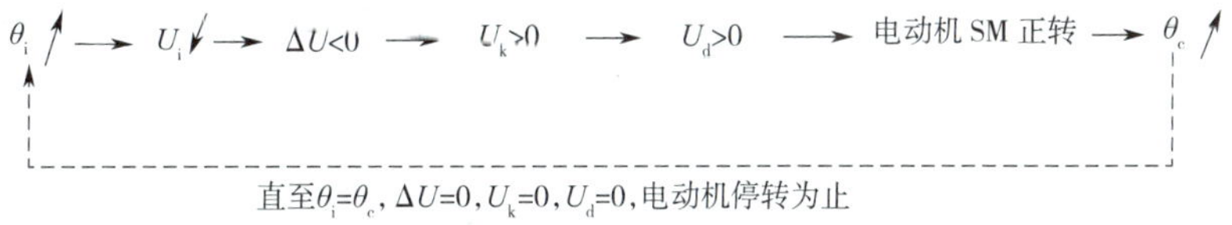

图 1-7　雷达天线位置跟随系统自动调节过程

4. 按照被控量对系统的作用分类

1)开环控制系统

如果控制系统的被控量对系统没有控制作用，这种控制系统称为开环控制系统，如图 1-8 所示。

图 1-8　开环控制系统

【例 1-3】 某电加热炉的炉温控制系统原理图如图 1-9 所示。

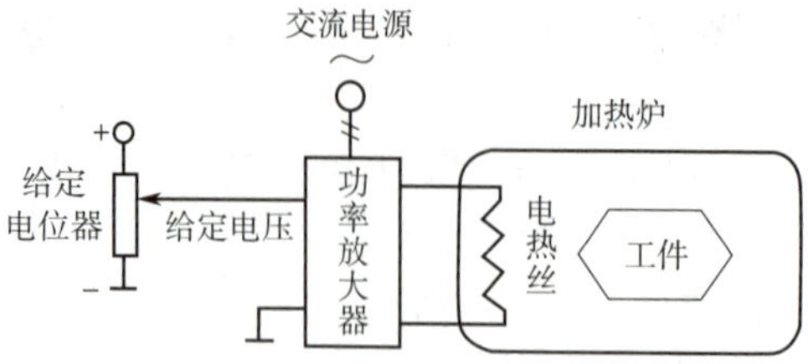

图 1-9　炉温控制系统原理图

该炉温控制系统的外部扰动为电源电压波动、环境温度变化等；内部扰动为元器件老化、参数改变、工件体积和质量变化等。该系统的开环控制框图如图 1-10 所示，系统特点是没有反馈、结构简单，但抗扰性差、控制精度低。

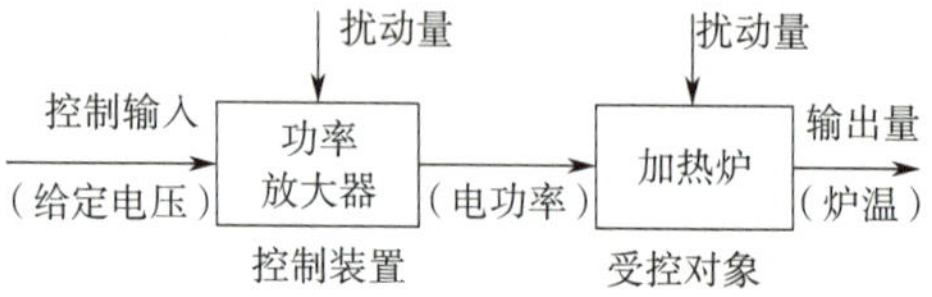

图 1-10　炉温控制系统开环控制框图

开环控制系统一般结构简单，系统稳定性好，成本也低，这是开环控制系统的优点。因此，若输出量和输入量之间的关系固定，且内部参数或外部负载等扰动因素不大，或这些扰动因素产生的误差可以预计确定并能进行补偿，则应尽量采用开环控制系统。开环控制系统的缺点是当控制过程受到各种扰动因素影响时，将会直接影响输出量，而系统不能自动进行补偿。

在开环送丝系统中，如果没有任何扰动，将按期望的输出运行；但当有扰动时，如负载的变化、电网电压的变化或者其他参数的变化，这些扰动就要影响焊接电流、焊接电压、焊接速度等，使其输出偏离期望值。为了能使开环送丝系统在扰动的影响下也能自动地稳定到期望值，特别是当无法预计的扰动因素使输出量产生的偏差超过允许的限度时，开环控制系统便无法满足技术要求，这时应考虑采用闭环控制系统。

2）闭环控制系统

如果系统的被控量直接或间接地参与控制，这种控制系统称为闭环控制系统，或称为反馈控制系统，如图 1-11 所示。闭环控制系统有自动修正偏差的能力。容易看出，闭环控制系统不仅由输入量进行控制，而且被控量也参与控制，或者说是由给定量与被控量的反馈信号的差值进行控制，这就是闭环控制系统的特点。

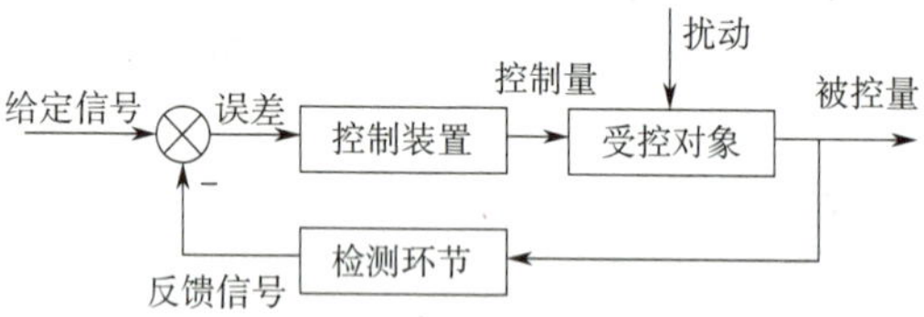

图 1-11　闭环控制系统

闭环控制系统的优点是按偏差进行控制，使偏差减小或消除，达到被控变量与设定值一致的目的；缺点是控制不够及时，如果系统内部各环节配合不当，会引起系统剧烈振荡，甚至会使系统失去控制。

反馈控制可以自动进行补偿，是闭环控制系统的一个突出优点。当然，闭环控制系统要增加检测、反馈比较、调节器等部件，会使系统结构复杂、成本提高。而且闭环控制会带来副作用，使系统的稳定性变差，甚至造成不稳定。这是采用闭环控制系统时必须重视并要加以解决的问题。

3）复合控制系统

开环控制系统的缺点是精度低，优点是控制稳定，不会产生闭环控制系统中可能出现的振荡情况；相反，闭环控制（负反馈）系统的优点是控制精度高，缺点是容易造成系统不稳定。为了发挥开环控制系统和闭环控制系统的优点，克服它们的缺点，可以在系统中同时引进开环控制和闭环控制，这种系统称为复合控制系统。

5. 焊接自动控制系统的基本要求

一个理想的控制系统，其输入量和输出量应实时对应，运行中没有偏差，且完全不受干扰的影响。而实际上，由于机械部分质量和惯量的存在、电路中储能元件的存在以及能源的功率限制，运动部件的加速度不会太大，速度和位移不能突变，所以当系统输入量变化或有干扰信号作用时，其输出量可能要经历一个逐渐变化的过程才能达到一个稳定值。系统受到外加信号作用后，输出量随时间变化的全过程称为动态过程；输出量处于相对稳定的状态，称为静态或稳态。

系统的动态品质和稳态性能可用相应的指标衡量。工程上常从稳定性（简称“稳”）、准确性（简称“准”）和快速性（简称“快”）三个方面分析系统的性能。

1）稳定性

所谓系统稳定是指受扰动作用前系统处于平衡状态，受扰动作用后系统偏离了原来的平衡状态，如果扰动消失以后系统能够回到受扰动作用前的平衡状态，则称系统是稳定的。稳定系统和不稳定系统如图 1-12 所示。因此，在设计系统时，就需要留有一定的稳定裕量。

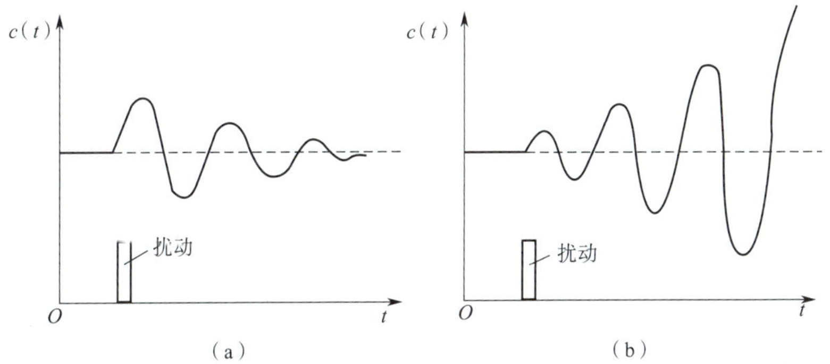

图 1-12　稳定系统和不稳定系统

（a）稳定系统　（b）不稳定系统

2）准确性

准确性是对稳定系统稳态性能的要求。稳定的系统在调节过程（暂态）结束后所处的状态称为稳态。稳态性能用稳态误差来表示，稳态误差是指系统达到稳态时被控量的实际值和期望值之间的误差。系统过渡过程结束，进入稳态过程后，希望的输出量与实际输出量之间的误差即稳态误差越小，表示系统控制精度越高。例如，在熔化极气体保护焊的等速送丝控制系统中，希望因各种干扰引起的送丝速度变化要尽量小。

3）快速性

快速性是对稳定系统暂态性能的要求。系统在扰动量、给定量发生变化时，被控量不能突变，要有一个过渡过程，即暂态过程。衡量暂态过程的指标主要有超调量、调节时间、振荡次数。超调量是指输出量的最大值与稳态值的差值和稳态值之比的百分数；调节时间是指被控变量从原稳定状态达到新的平衡状态所经历的最短时间，理论上过渡时间为无限长，在实际应用时规定只要被控变量进入新的稳态值的 ±5%（±2%）的范围到不再超出此范围为止所经历的最短时间；振荡次数是指系统动态调节过程中系统响应曲线波动的次数。

系统的稳态性能和暂态性能往往是矛盾的。由于控制系统的功能要求不同，对系统稳态性能和暂态性能的要求通常有所侧重。例如，对于定速送丝系统和定速调节系统主要侧重于系统的稳态性能，而对于变速系统则侧重于暂态性能。

【拓展阅读】

压铸行业的“焊接自动化”

自动焊接技术结合焊接原理、自动控制原理和机械运动原理，实现焊接过程的自动化，常用焊接方法包括埋弧焊、等离子弧焊、激光焊等。

压铸行业的焊接自动化主要涉及使用自动焊接机械手和其他自动化设备提高生产效率和焊接质量，同时减少人力成本和降低潜在安全风险。

压铸行业，全称压力铸造行业，压铸技术是一种利用高压将液态或半液态金属快速填充到模具型腔中，并在压力下凝固成形以获得铸件的技术。这一过程具有生产效率高、产品质量好、尺寸精度高、切削少、绿色环保以及压铸产品力学性能可靠等优点。压铸技术广泛应用于汽车、机械、电子电器、通信设备等多个行业。特别是在汽车工业中，压铸件的用量最大，主要用于生产发动机缸体、变速箱体等关键部件。中国已成为世界上主要的压铸生产制造和需求大国之一。随着新能源汽车产业的快速发展，压铸行业预计将继续保持增长态势。

压铸行业的焊接自动化主要有机器人焊接应用、智能焊接联网群控系统应用等。焊接自动化系统的看板管理界面及内容，可根据客户实际需求进行定制化设计与软件开发，可以整合企业焊接相关的资源，通过系统化、规范化管理，实现资源高效利用、降本增效。

压铸行业焊接自动化技术的发展趋势主要体现在精密化、高效化、模块化、智能化、柔性化、网络化和人性化等方面。

随着人工智能、大数据分析和云计算等前沿技术的应用，压铸加工企业能够实现对生产过程的精准控制，进一步提升生产效率和产品质量。未来的焊接自动化技术将更加注重柔性化生产，一台设备将能满足多种工件焊接自动化加工，以适应市场需求的快速变化。

压铸行业的焊接自动化技术正朝着更高效、更智能、更灵活的方向发展，这一趋势不仅提高了生产效率和产品质量，还为企业带来了显著的经济效益和竞争优势。

项目小结

自动控制理论的基本知识包括系统组成和分类、被控对象建模方法等。焊接自动化的基本理论与其他自动控制系统是一样的，需要对被控对象建模、系统组成、控制器设计等环节进行分析。

焊接自动化是基于自动控制理论发展而来的，焊接工艺自动化，若以电弧为控制对象，属于狭义的焊接自动化；若以整个焊接生产流程为控制对象，并融合各种智能算法、通信、存储等技术，则属于广义的焊接自动化。因此，要学好焊接自动化基本技术，除学习基本知识外，更多的还需要从计算机控制理论和控制器件、驱动技术、通信技术等方面入手。

复习思考题

1. 什么是焊接自动化？什么是焊接自动化系统？
2. 焊接过程中常见的被控对象及其特点是什么？
3. 焊接自动化系统的基本构成包括哪几个部分？
4. 焊接自动化中的关键技术有哪些？
5. 焊接自动化技术的发展趋势是什么？

压铸行业的
“焊接自动化”

项目二

传感器及执行元件

项目描述

本项目主要介绍焊接自动控制系统中常用的传感器、检测技术、执行元件。

传感器和驱动装置是焊接自动控制系统的“眼睛”和“手”，必须选择并使用合适的传感器检测焊接过程中的各种信号，并利用驱动器有效地执行控制信号，才能获得优良的焊缝质量。选择传感器时，要对传感器类型、灵敏度、频率响应特性、线性范围、稳定性、精度进行考察。

在焊接自动化系统中，执行元件根据输入能量的不同可以分为电动、气动和液压三类。电动执行元件安装灵活、使用方便，在自动控制系统中应用最广。气动执行元件结构简单、质量轻、工作可靠，并具有防爆特点，在中、小功率的生产自动线上应用较多。液压执行元件功率大、快速性好、运行平稳，广泛用于大功率的控制系统。

知识目标

- (1)熟悉并掌握传感器的定义和组成。
- (2)了解常用智能检测技术。
- (3)熟悉焊接自动化系统中常见的执行元件。

能力目标

- (1)能够识别及应用焊接自动化系统中的传感器。
- (2)能够识别及应用焊接自动化系统中的执行元件。

素养目标

- (1)增强对自动控制系统的理解，提高逻辑思维能力。
- (2)增强对焊接自动化应用的理解，提高系统识别和设计能力。

任务一　传感器概述

一、传感器的定义

传感器是指能感受规定的被测量，并按照一定的规律将其转换成可用输出信号的器件或装置。在一些学科领域，传感器又称为敏感元件、检测器或转换器等。这些不同的提法是在不同的技术领域根据器件用途对同一类型的器件使用的不同技术术语。例如，在电子技术领域，常把能感受信号的电子元件称为敏感元件，如热敏元件、磁敏元件、光敏元件和气敏元件等；在超声波技术领域，强调的则是能量的转换，如压电式换能器。这些提法在含义上有些狭窄，而传感器是使用最为广泛的术语。

二、传感器的组成

传感器的输出信号通常是电量，它便于传输、转换、处理、显示等。电量有很多形式，如电压、电流、电容、电阻等，输出信号的形式由传感器的原理确定。通常传感器主要由敏感元件和转换元件组成。其中，敏感元件是指传感器中能直接感受或响应被测量的部分；转换元件是指传感器中将敏感元件感受或响应的被测量转换成适于传输或测量的电信号部分。由于传感器的输出信号一般都很微弱，因此需要信号调理与转换电路对其进行放大、运算调制等。随着半导体器件与集成技术在传感器中的应用，传感器的信号调理与转换电路可能安装在传感器的壳体里或与敏感元件一起集成在同一芯片上。此外，信号调理与转换电路以及传感器工作都必须有辅助电源，因此信号调理与转换电路以及所需的电源都应作为传感器的一部分。传感器的组成框图如图 2-1 所示。

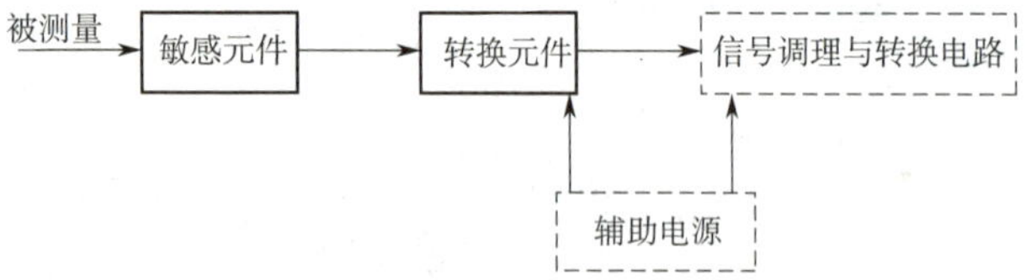

图 2-1　传感器的组成框图

三、传感器的分类

从量值变换的观点出发，对每一种物理效应都可以在理论上或原理上构成一类传感器，因此传感器的种类繁多。对非电量进行测量时，有的传感器可以同时测量多种参量，而有时对一种物理量又可采用多种不同类型的传感器进行测量。目前，采用较多的传感器分类方法主要有以下几种。

1. 按被测物理量分类

传感器按被测物理量可分为温度、压力、位移、加速度、位置、湿度、气体、流量和转速传感器等。这种分类方法明确表明了传感器的用途，便于使用者选择，如位移传感器用于测量位移等。

2. 按传感器的工作原理分类

传感器按工作原理可分为应变式、电容式、电感式、压电式、热电式和磁电式传感器等。这种分类方法表明了传感器的工作原理，有利于对传感器的学习和设计。

3. 按传感器转换能量的情况分类

（1）能量转换型：又称发电型，不需外加电源，而将被测能量转换成电能输出，这类传感器有压电式传感器、热电偶、光电池等。

（2）能量控制型：又称参量型，需外加电源才能输出电量，这类传感器有电阻式、电感式、霍尔式传感器等，以及热敏电阻、光敏电阻、湿敏电阻等。

4. 按传感器的工作机理分类

（1）结构型：被测参数变化引起传感器的结构变化，从而使输出电量变化，利用物理学中场的定律和运动定律等构成，如电感式、电容式传感器等。

（2）物性型：利用某些物质的某种性质随被测参数变化的原理构成，传感器的性能和材料密切相关，如压电传感器、各种半导体传感器等。

5. 按传感器输出信号的形式分类

（1）模拟式：传感器输出为模拟量。

（2）数字式：传感器输出为数字量，如编码器式传感器等。

四、传感器的选用原则

当焊接过程使用微型计算机进行控制时，要求传感器具有良好的动态特性、精度、稳定性、灵敏度和较强的抗干扰能力。此外，应尽量采用数字化传感器，传感器的非线性和各种漂移量引起的误差应有一定规律。在提供解决方案时，传感器的选择主要考虑以下几个方面。

1. 传感器类型

当进行一个具体测量工作时，首先要考虑采用何种原理的传感器，这需要分析多方面的因素后才能确定。即使是测量同一物理量，也有多种原理的传感器可供选用，至于哪一种原理的传感器更为合适，则需要根据被测量的特点和传感器的使用条件考虑如量程、测量方式、信号引出方式等具体问题，在考虑上述问题后才能确定选用何种类型的传感器。

2. 灵敏度

一般在传感器的线性范围内，传感器的灵敏度越高越好。传感器的灵敏度越高，以及与被测量变化对应的输出信号的值比较大，越有利于信号处理。但是传感器的灵敏度越高，与被测量无关的外界噪声也较容易混入，从而影响测量精度。

3. 频率响应特性

为了在允许频率范围内保持不失真，一般希望传感器的延迟时间越短越好。传感器的频率响应高，可测的信号频率范围就宽。在动态测量中，应根据信号的特点（稳态、瞬态、随机等）响应特性进行选择，以免产生过大的误差。

4. 线性范围

传感器的线性范围是指输出与输入成正比的范围。传感器的线性范围越宽，量程越大，且能保证一定的测量精度。但实际上，任何传感器都不能保证绝对的线性，其线性度也是相对的。当要求测量精度比较低时，在一定的范围内可将非线性误差较小的传感器近似看作线性的。

5. 稳定性

传感器使用一段时间后，其性能保持不变的能力称为稳定性。影响传感性稳定性的因素除传感器本身结构外，主要是传感器的使用环境。因此，要使传感器具有良好的稳定性，传感器必须有较强的环境适应能力。在某些要求传感器能长期使用而又不能轻易更换或标定的场合，对所选用的传感器稳定性要求更严格，且要能够经受住长时间的考验。

6. 精度

传感器的精度只要满足整个测量系统的精度要求即可。如果是定性分析用，选用重复精度高的传感器即可；如果是定量分析用，就需选用精度等级高的传感器；而对某些特殊使用场合，需自行设计制造传感器。

五、常用检测技术

检测技术的发展是随着社会历史时代与生产方式的变化而不断进步的。人类的每一个历史时代、每一种生产方式都以相应的科学技术水平为基础。

微电子技术和微型计算机技术的发展为检测过程自动化、测量结果处理智能化和检测仪器功能仿人化等提供了技术支持。人工智能技术和信息处理技术的快速发展，为智能检测技术提供了强有力的工具和条件。现代控制系统的发展对检测技术提出了数字化、智能化、标准化、网络化的要求，这是导致智能检测系统发展的外在推动力。

智能检测技术是指为了对被测对象所包含的信息进行定性的了解和定量的掌握所采取的技术措施，智能检测技术也是智能控制系统中不可缺少的组成部分。智能检测技术的完善和发展推动现代科学技术不断进步。目前，智能检测技术几乎渗透到人类的一切活动领域，在未来也将发挥越来越大的作用。

一个完整的智能检测系统或检测装置通常由传感器、测量电路和显示记录装置等部分组成，还包括电源和传输通道等不可缺少的部分。智能检测系统的组成框图如图 2-2 所示。

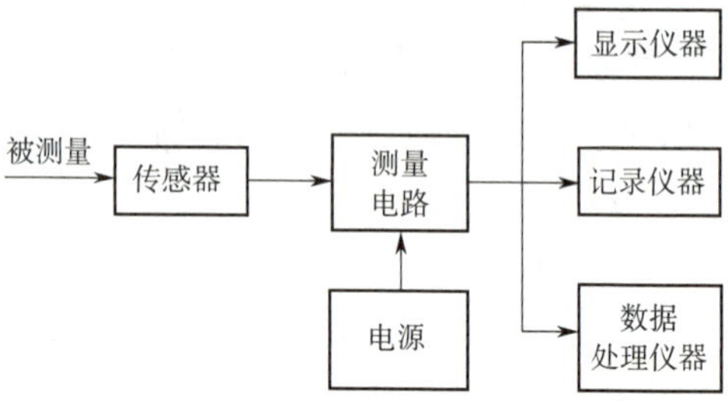

图 2-2　智能检测系统的组成框图

传感器完成信息获取后，将被测量转换成电量。传感器是智能检测系统中直接与被测对象发生联系的部件，它是智能检测系统最重要的环节，其性能决定了智能检测系统获取信息的质量。测量电路可完成信息转换，将传感器的输出信号转换成易于测量的电流或电压信号。一般情况下，传感器的输出信号是微弱的，需要用测量电路将其放大，以达到显示记录装置的要求。根据需要，测量电路还能进行阻抗匹配、微分、积分、线性化补偿等信号处理工作。显示记录装置是检测人员和智能检测系统联系的主要环节，人们通过显示记录装置了解被测量的大小或变化过程。常用的显示方式有图像显示、模拟显示和数字显示三种。

任务二 焊接过程中的传感器

焊接传感器按使用目的可分为测量操作环境和焊接过程测控两大类；按传感原理可分为声学、力学、电弧、光学传感器等；按焊接方法可分为弧焊类、电阻焊类、摩擦焊类和高能束焊类传感器等；按被测物理量可分为温度、压力、位置、位移、速度、电流/电压、视觉传感器等。

焊接设备中常用传感器

一、温度传感器

1. 温度传感器的测量方法及特点

从测量体与被测介质是否接触划分，温度测量有接触式测量和非接触式测量。其中，接触式测量是通过测量体与被测介质的接触来测量物体的温度，具有简单、可靠、测量精度较高的特点，但由于要达到热平衡会产生滞后，且可能与被测介质产生化学反应，不能应用于很高温度的测量；非接触式测量通过接收被测物体发出的辐射热来确定温度，其测温范围很广，且测温上限原则上不受限制，测温速度比较快，而且可以对运动体进行测温，但一般测温误差较大。在材料加工领域，热电偶应用最为广泛。工业上常用测温仪表的种类及优缺点见表 2-1。

表 2-1 工业上常用测温仪表的种类及优缺点

测温方式	测温仪表的种类		常用测温范围/℃	测温原理	优点	缺点
非接触式测温	辐射式	辐射式	400~2 000	利用物体全辐射能随温度变化的性质	测温时不破坏被测温度场	低温段测量不准，环境会影响测温准确度
		光学式	700~3 200			
		比色式	900~1 700			
	红外式	热敏探测	-50~3 200		测温时不破坏被测温度场，响应快，测温范围大，适于测温度	易受外界干扰，标定困难
		光电探测	0~3 500			
		热电探测	200~2 000			
接触式测温	膨胀式	玻璃液体	-50~600	利用液体体积随温度变化的性质	结构简单，使用方便，测量准确，价格低廉	测量上限和准确度受玻璃质量的限制，易碎，不能记录和远传
		双金属	-80~600	利用固体热膨胀的变形量随温度变化的性质	结构紧凑，牢固可靠	准确度低，量程和使用范围有限
	压力式	液体	-30~600	利用定容气体或液体压力随温度变化的性质	耐振，坚固，防爆，价格低廉	准确度低，测温距离短，滞后大
		气体	-20~350			
		蒸气	0~250			
	热电偶	铂铑-铂	0~1 600	利用金属导体的热电效应	测温范围广，准确度高，便于远距离、多点、集中测量和自动控制	需冷端温度补偿，在低温段测量准确度较低
		镍铬-镍铝（硅）	0~900			
		镍铬-考铜	0~600			
	热电阻	铂	-200~500	利用金属导体或半导体的热电效应	测温准确度高，便于远距离、多点、集中测量和自动控制	不能测高温，须注意环境温度的影响
		铜	-50~150			
		热敏	-50~300			

2. 热电偶

热电偶测温是利用热电偶的热电效应来测量温度的。将两种不同材质的导体或半导线在其端点实现物理接触，当回路两端温度不同时，回路中会出现电势差，这种将热能转换成电能的现象称为热电效应，其电动势分布原理图（热电偶回路）如图 2-3 所示。从物理上看，热电偶回路产生的热电动势主要是由接触电动势组成的。当两种不同导体 A 和 B 接触时，由于导体两边的自由电子密度不同，在交界面上便产生电子的互相扩散。当扩散达到平衡时，在 A 和 B 两个导体间的电位差称为接触电动势，其值取决于两个导体的材料种类和接触点的温度。热电偶产生的直流热电势与温度有准确的单值对应关系，且幅值不超过几十毫伏。热电偶的总热电动势为接触电动势和温差电动势之和，即

$$E_{AB}(t,t_0)=E_{AB}(t)-E_{AB}(t_0)+E_B(t,t_0)-E_A(t,t_0)$$

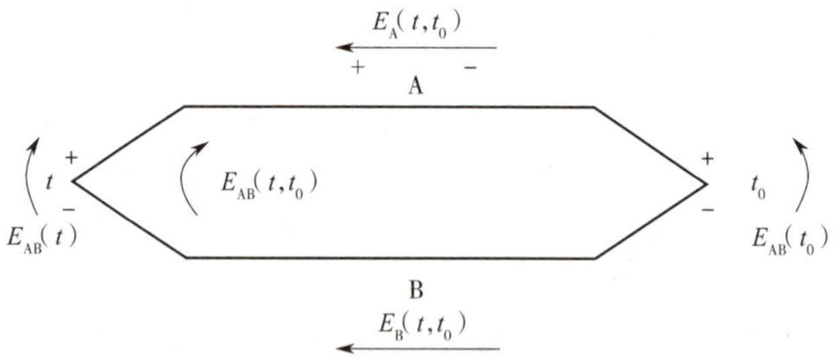

图 2-3　热电偶回路

当在热电偶回路中接入第三种导体时，只要接入第三种导体的两个接点温度相等，回路中总电动势值就不变。热电偶的这种性质在使用上有重要的意义，可以方便地使用热电偶的输出接入所需的测量仪表和导线来测量温度。由热电偶测温原理可知，其测温关键在于使冷端温度恒定或相等（使用补偿导线予以解决）。为消除冷端温度变化（即冷端温度不为 0 ℃时，因为仪表的分度表是在冷端温度为 0 ℃条件下得到的）对测量精度的影响，可采用冷端温度补偿。工业上常用的热电偶外形结构形式有：①普通型热电偶，主要由热电极绝缘管、保护套管、接线盒、接线端子等组成；②铠装热电偶；③多点式热电偶。此外，还有隔爆热电偶、表面热电偶、抽气热电偶等，它们适用于各种特殊场合。

3. 热电阻

常用的热电阻元件有金属导体热电阻和半导体热敏电阻，它们是热电阻温度计的敏感元件。与热电偶一样，工业上常用的热电阻有普通型和铠装型两种，它们都由感温元件、引出线、保护套管、接线盒、绝缘材料等组成。

比较适宜制作热电阻丝的材料有铂、铜、铁、镍等，而目前应用最广泛的热电阻材料是铂和铜，并且已制成标准化热电阻。常用热电阻的技术性能见表 2-2。

表 2-2　常用热电阻的技术性能

名称		分度号	测温范围	温度为 0 ℃时的阻值 R_0/Ω	电阻比（R_{100}/R_0）	主要特点
标准热电阻	铂热电阻（WZP）	Pt10	−200~850 ℃	10 ± 0.01	1.385 ± 0.001	测量准确度高，稳定性好，可作为基准仪器
		Pt50		50 ± 0.05	1.385 ± 0.001	
		Pt100		100 ± 0.1	1.385 ± 0.001	
	铜热电阻（WZC）	Cu50	−15~150 ℃	50 ± 0.05	1.428 ± 0.002	稳定性好，价格低廉；但体积大，机械强度较低
		Cu100		100 ± 0.1	1.428 ± 0.002	
	镍热电阻（WZN）	Ni100	−60~180 ℃	100 ± 0.1	1.617 ± 0.003	灵敏度高，体积小；但稳定性和复制性较差
		Ni300		300 ± 0.3	1.617 ± 0.003	
		Ni500		500 ± 0.5	1.617 ± 0.003	

续表

名称		分度号	测温范围	温度为 0 ℃时的阻值 R_0/Ω	电阻比（R_{100}/R_0）	主要特点
低温热电阻	铟热电阻	无	3.4~90 K	100	—	复现性较好，在 4.5~15 K 温度范围内，灵敏度比铂热电阻高 10 倍；但复制性较差，材质软，易变形
	铑铁热电阻	无	2~300 K	20、50 或 100	$R_{1.2K}/R_{273K}$ 约为 0.07	有较高的灵敏度，复现性好，在 0.5~20 K 温度范围内可进行准确测量；但长期稳定性和复制性较差
	铂钴热电阻	无	2~100 K	100	$R_{1.2K}/R_{273K}$ 约为 0.07	热响应好，机械性能好，温度低于 300 K 时灵敏度大大高于铂热电阻；但不能作为标准温度计

选用热电阻测温时，需要考虑以下几点。

（1）测温范围：了解经常测定的温度值和温度变化范围，以正确选用热电阻的测量范围。

（2）测温准确度：应明确要求测量准确度，不要盲目追求高准确度，因为准确度越高，热电阻的价格越高，应选择既能满足测量要求，准确度又适宜的热电阻。

（3）测温环境：应明确试验场所的化学因素、机械因素以及电磁场的干扰等，这对正确、合理地选用保护管的材料、形状及尺寸十分有用，在 500 ℃以下一般采用金属保护管。

（4）成本：在满足测量准确度和使用寿命的情况下，成本越低越好。

热电阻的测量准确度比热电偶高，但在使用中应注意产生误差的原因，防止因使用条件不当而降低测量准确度。使用热电阻测温时要特别注意线路电阻的影响，因为线路电阻的变化会使温度测量产生误差，所以必须测准导线电阻，再绕制线路调整电阻，使线路总电阻等于仪表的线路总电阻。为克服环境温度变化对导线电阻的影响，应尽可能采用三线制或四线制接线方式。

二、压力传感器

压力是热工过程的重要参数之一，对供热、供燃气、通风与空调系统来说，为确保安全和经济运行，要求对压力进行测量和控制。在发电厂中，饱和蒸气可以由压力直接确定其状态。在热力设备运行时，为了保证工质状态符合设计要求，取得最佳经济效益，压力和温度一样都是不可缺少的测量参数。通过压力测量，还可以监视各种重要压力容器（如除氧器、加热器等）以及管道的承压情况，防止设备超压爆破。

在焊接生产过程中，经常会遇到压力的检测问题，如一些摩擦焊接、电阻焊接过程等。常见的压力检测方法有弹性力平衡法、重力平衡法和物性测量法。弹性力平衡法基于弹性元件的弹性变形特性进行测量，有弹簧管压力计、波纹管压力计和膜式压力计等。重力平衡法基于流体静力学理论进行测量，有活塞式压力计和液柱式压力计等。物性测量法基于当压力作用在测量元件上时某些物理特征发生变化的原理进行测量，有电压式压力计和振频式压力计等。常见的压力传感器有压阻式压力传感器、应变片式压力计和霍尔片式压力计。

1. 压阻式压力传感器

当半导体应变片受压力作用产生应变时，其电阻值的变化主要是由压阻效应（电阻率的变化）引起的，这种半导体应变片也称压阻元件，由此构成的压力传感器称为压阻式压力传感器。压阻式压力传感器体积小，结构简单，易于微、小型化，直径可以小至 1.8~2 mm；灵敏度高，频率响应高；测量范围宽，可测量低至 10 Pa 的微压到高至 60 MPa 的高压；精度高，工作可靠，精度可达 ±0.02%~±0.2%。

2. 应变片式压力计

应变片式压力计是利用电阻应变片将被测压力转换为电阻值的变化，再通过桥式电路获得毫伏级的电量输出，然后由二次仪表显示或记录。为了使应变片能在受压力作用时产生应变，应变片一般要和弹性元件一起使用。由于应变片式压力计的响应速度较快，故其较多地用于一般要求的动态压力检测。

3. 霍尔片式压力计

霍尔片式压力计是运用霍尔元件的霍尔效应把被测压力作用下所产生的弹性元件位移转换为电势输出。霍尔效应是把一块霍尔元件置于均匀磁场中，使霍尔片与磁感应强度的方向垂直，在沿着霍尔片的左右两个纵向端面上通入恒定的控制电流，则会在霍尔片的两个横向端面之间形成电位差，此电位差称为霍尔电势。

三、位置传感器

位置传感器是通过信息检测来确定焊接工件或者焊枪是否已经到达某一位置的传感器。位置传感器不需要产生连续变化的模拟量，只需要产生能反映某种状态的开关量即可。当前为实现位置检测，主要使用各种接近开关。

接近开关是利用位移传感器对接近物体的敏感特性，来控制开关通断的一种装置，当物体移向接近开关，并接近到一定距离时，位移传感器才有“感知”，接近开关才会动作，通常把这个距离称为检出距离。不同的接近开关，其检出距离不同。

1. 电容式接近开关

电容式接近开关是利用物体间的电容变化来确定物体位置。根据电容的变化检测物体接近程度的方法有多种，但最简单的方法是将电容器作为振荡电路的一部分，并设计成只有在传感器的电容值超过预定阈值时才产生振荡，然后再经过变换使其成为输出电压，从而用以确定被检测物体的位置。电容式接近开关电路原理图如图 2-4 所示。

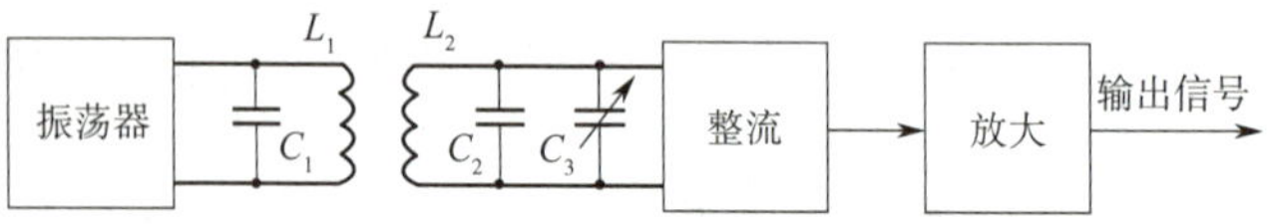

图 2-4　电容式接近开关电路原理图

2. 电感式接近开关

电感式接近开关是一种开关量输出的位置传感器，它由 *LC* 高频振荡器和放大处理电路组成，也常称为涡流式接近开关。当金属物体靠近电感式接近开关时，探头产生电磁振荡，金属物体内部会产生涡流，金属物体产生的涡流反作用于接近开关，使接近开关振荡能量衰减，进而使内部电路的参数发生变化，以及开关状态发生变化，从而识别出金属物体。

电感式接近开关只能检测金属材料，不能用于检测非金属材料。而电容式接近开关却能克服以上缺点，它几乎能检测所有的固体和液体材料。由于目前的工程结构中金属材料仍然是主体，因此在焊接自动化中电感式接近开关应用是非常普遍的。

3. 霍尔式接近开关

霍尔式接近开关是利用检测磁感应强度来检测位置的。目前，经常采用霍尔开关集成传感器。霍尔开关集成传感器具有使用寿命长、无触点磨损、无火花干扰、无转换抖动、工作频率高、温度特性好和能适应恶劣环境等优点，在焊接自动化系统中的应用越来越多。

霍尔式接近开关检测原理图如图 2-5 所示。检测时，将一块磁铁安置在被检测物体上，传感器安置在固定位置处。当被检测物体运动到传感器附近时，磁铁产生的磁场作用在传感器上，根据霍尔效应原理，霍尔元件输出霍尔电压，经放大器放大后，送至施密特整形电路。当放大后的霍尔电压大于“开启”阈值时，施密特整形电路翻转，输出高电平，半导体管 VT 导通，传感器输出“低”电平。反之，当被检测物体远离传感器时，霍尔电压很小，施密特整形电路再次翻转，输出低电平，半导体管 VT 截止，传感器输出“高”电平。

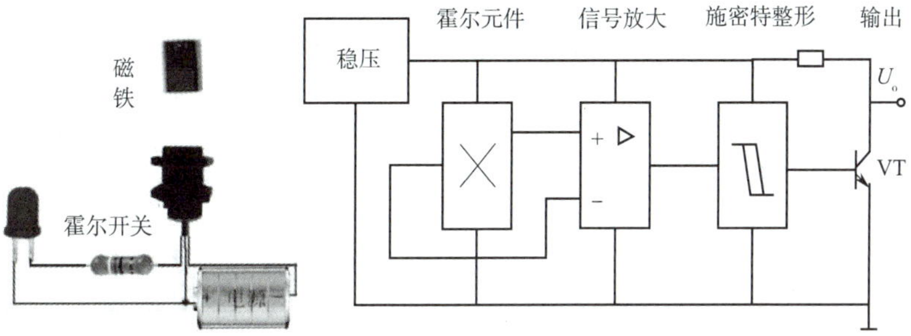

图 2-5 霍尔式接近开关检测原理图

4. 光电式接近开关

光电式接近开关简称光电开关，又称为光电传感器，它是利用被检测物体对光束的遮挡或反射，由同步回路选通电路检测物体的有无。所有能反射光线的物体均可采用光电开关检测。根据工作原理，光电开关可分为对射型和反射型两种。

对射型光电开关，将投光器与收光器置于相对的两个装置内，光束在相对的两个装置之间传播，在投光器与收光器之间的物体会阻断光束并启动收光器，如图 2-6 所示。

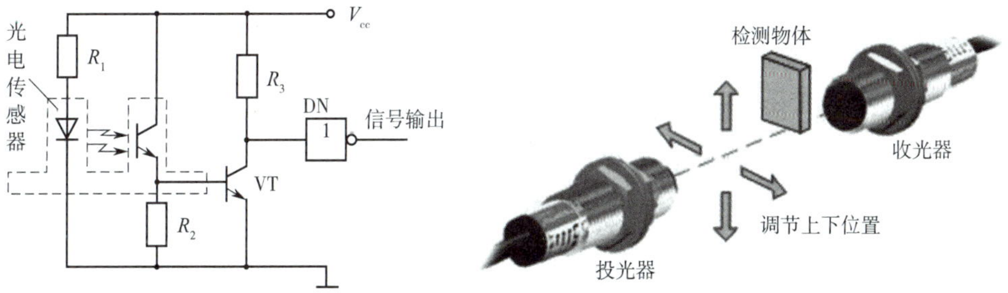

图 2-6 对射型光电开关

反射型光电开关，将投光器与收光器置于同一装置内，光电开关反射的光被检测物体反射回收光器，如图 2-7 所示。

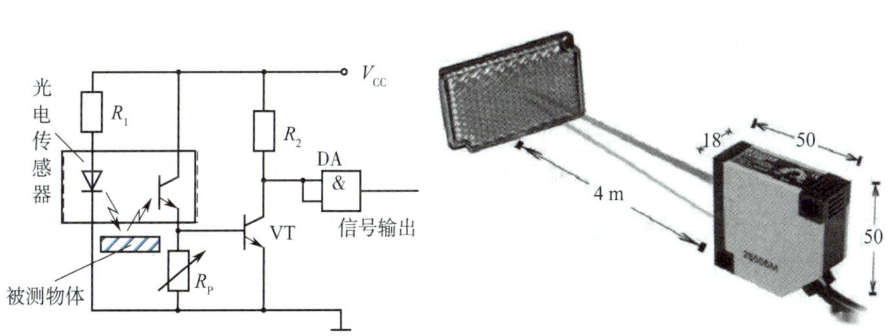

图 2-7 反射型光电开关

常用接近开关有关性能及应用见表 2-3。

表 2-3　常用接近开关有关性能及应用

接近开关类型	检测距离	常用被测物体	检测原理与特点	可靠性	价格
电磁式	1~80 mm	铁磁物体、其他金属	涡流效应	可靠	低
电容式	2~20 mm	高电介质物体	电容效应	一般	低
霍尔式	约 10 mm	磁铁	霍尔效应	很可靠	低廉
反射型光电式	≤8 m	任何物体	发射与接收一体化	可靠	一般
对射型光电式	≤50 m	任何物体	发射与接收分体	很可靠	一般

位置控制在自动焊接中应用非常广泛。在直缝自动焊接、环形焊缝自动焊接和焊接生产自动流水线的工件传输，以及焊接工位自动转换的控制中，都需要采用位置传感器，如图 2-8 所示。

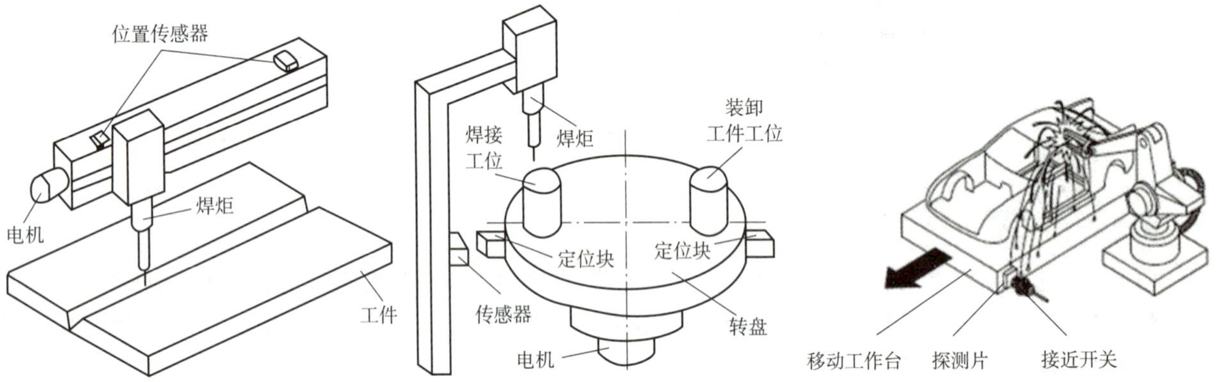

图 2-8　带有位置传感器的自动焊接应用

四、位移传感器

位移传感器是用来测量位移、距离、位置、尺寸、角度和角位移等几何学量的一种传感器。在焊接生产过程中，需要进行位移测量的场合非常多。还有许多被测物理量可以转化为位移进行测量，如压力、位置等都可以通过某种转换部件先将它们转换为直线位移，然后通过测量位移间接得到被测物理量。在不同的场合、不同的应用领域，对位移传感器的要求差异也很大，如测量范围、测量精度、动态响应等。

直线位移传感器的功能在于把机械直线位移量转换成电信号，主要有电感式位移传感器、光栅位移传感器、霍尔式位移传感器、光电式位移传感器等。

计量光栅是利用光栅的莫尔条纹现象来测量位移的。“莫尔”原出于法文 Moire，意思是水波纹。一般来说，只要有一定周期的曲线簇重叠起来，便会产生莫尔条纹。计量光栅在实际应用上有透射光栅和反射光栅两种；按作用原理可分为辐射光栅和相位光栅；按用途可分为直线光栅和圆光栅。

常用的光栅每毫米刻有 10、25、50、100、250 条等线条。光栅的横向莫尔条纹测量位移需要两块光栅，一块光栅称为主光栅，它的大小与测量范围相一致；另一块光栅是很小的一块，称为指示光栅。为了测量位移，必须在主光栅侧加光源，在指示光栅侧加光电接收元件。当主光栅和指示光栅相对移动时，由于光栅的遮光作用而使莫尔条纹移动，固定在指示光栅侧的光电接收元件将光强变化转换成电信号。由于光源的大小有限及光栅的衍射作用，使得信号为脉动信号。通过电路辨向和倍频处理，可对两路正交的方波进行四倍频后产生两路加、减计数信号，送至双时钟可逆计数器进行加、减计数，也可直接送至微型计算机（包括单片机）进行数据处理。光栅尺位移传感器如图 2-9 所示。

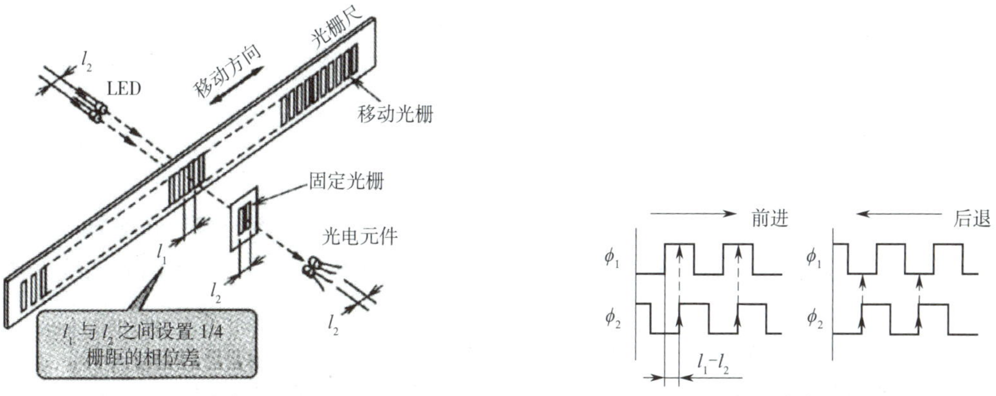

图 2-9　光栅尺位移传感器

（a）位移量检测　（b）位移方向检测

图 2-10 所示为直线光栅位移传感器结构。可以看出，光源、聚光镜、指示光栅和光电器件固定在机床的床身上，主光栅固定在机床的运动部件上且可往复移动。安装时，指示光栅和主光栅之间保证有一定的间隙。当机床工作时，指示光栅和主光栅相对移动便产生莫尔条纹，该条纹随光栅以一定的速度移动，光电器件就检测到莫尔条纹亮度的变化，并转换为周期性变化的电信号，再通过后续放大、转换、处理电路送入显示器，直接显示被测位移的大小。光栅位移传感器的光源一般为钨丝灯泡或发光二极管，光电器件为光电池或光敏晶体管。

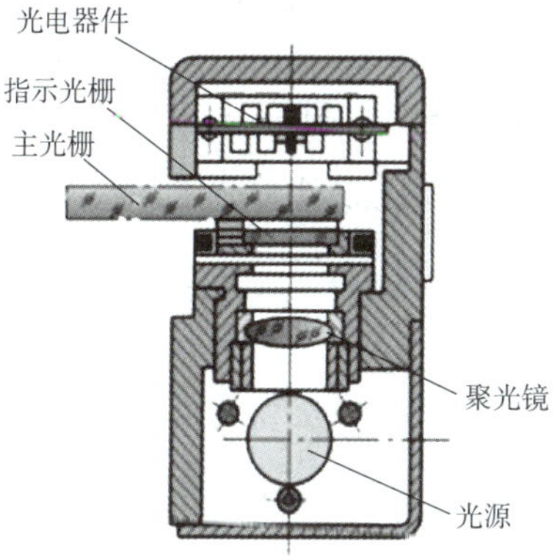

图 2-10　直线光栅位移传感器结构

图 2-11 所示为数控激光焊接机及其光栅位移传感器工作原理。光栅位移传感器是一种新型的光电传感器，它一般适用于直线焊接位移、速度的测量，具有检测精度和分辨率高、抗干扰能力强、稳定性好、易与微机接口、便于信号处理和实现自动化测量等特点。

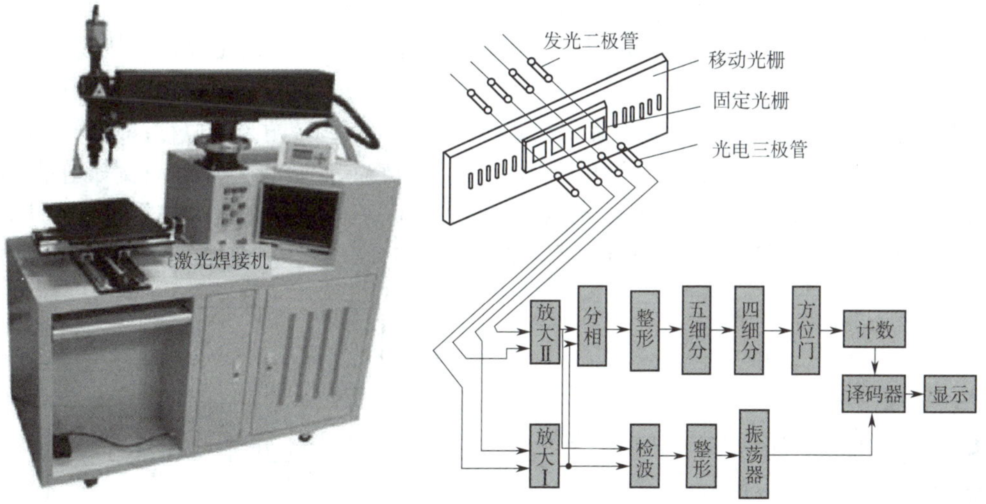

图 2-11　数控激光焊接机及其光栅位移传感器工作原理

五、速度传感器

常用的速度传感器有光电编码器和测速发电机。

1. 光电编码器

光电编码器具有测量精度和分辨率高、抗干扰能力强、稳定性好以及便于信号处理与自动检测和控制等特点。在检测物体旋转角度(位移)、转速或转数的数字传感器中,目前应用较多的光电编码器是光电旋转编码器。

光电编码器是通过检测传感器输出的脉冲数来检测物体的位移与移动速度的,既可以直接检测旋转物体旋转的角度和转速,也可以检测直线平移物体的位移和运动速度。光电编码器具有测量精度高、分辨率高、稳定性好、抗干扰能力强、便于与计算机接口、适宜远距离传输等优点。光电编码器是通过转动圆形光栅盘来检测旋转轴的旋转角度的。常用的编码器有增量式和绝对式两大类。

1)增量式编码器

增量式编码器由光源、光栅板、码盘和光敏元件等组成,如图 2-12 所示。其中,码盘与转轴连在一起,它是用玻璃材料制成,表面涂有一层不透光的金属铬,然后在边缘制成向心透光的窄缝,透光窄缝在码盘周围上等分,数量从 100 多条到几千条不等;光源一般用 LED。

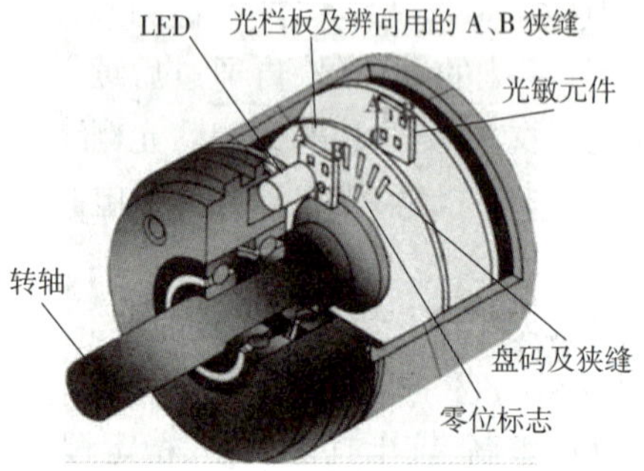

图 2-12　增量式编码器

码盘边缘等间隔地制出 n 对透光区与不透光区。当光源发出的光通过透光区时,被光电器件接收,经信号处理后,编码器输出低电平信号;当光照射在不透光区时,光被隔离,光电器件不接收光,编码器输出高电平信号。码盘转过 $1/n$ 圈,编码器发出一个完整脉冲;随着被测转轴的旋转,与其同轴相连的编码器输出脉冲序列信号;通过脉冲个数的计数,可以确定被测转轴相对的旋转转角与角位移;根据输出脉冲频率可以确定其转速。编码器可读取并输出的最小角度变化,常用"每转脉冲数(p/r)"表示,例如增量式编码器每转发出 n 个脉冲数,则其能分辨的最小角度是 α,且有 $\alpha=360°/n$。常用的增量式编码器的 n 可以是 100、200、360、500、1 024,甚至几万个等。可以采用电信号处理电路(倍频电路)等,增加分辨率如图 2-13 所示。

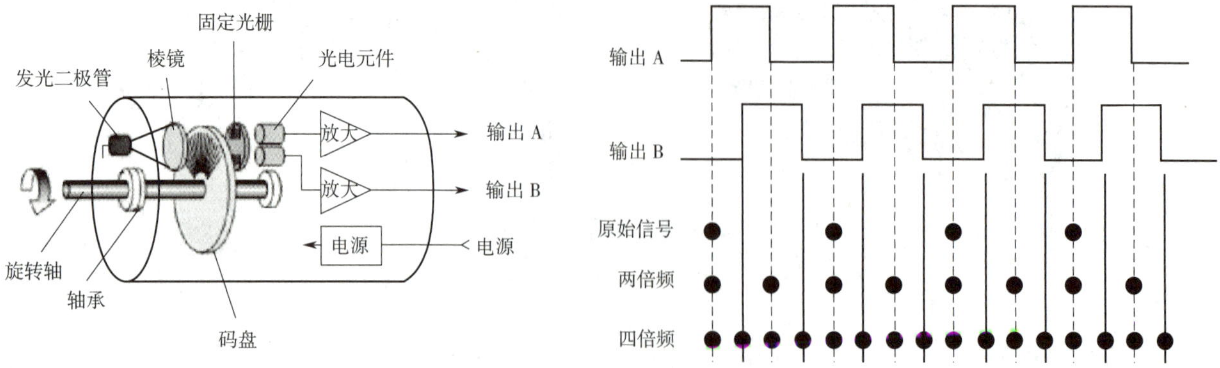

图 2-13　电信号处理电路(倍频电器)

2)绝对式编码器

绝对式编码器按照角度直接进行编码，能直接把被测角用数字代码表示出来，如图 2-14 所示。从数字代码大小的变更，即可判别正反方向和转轴所处的位置，而无须判别方向电路。绝对式编码器有一个绝对零位代码，当停电或关机后，再开机重新测量时，仍可准确读出停电或关机位置的代码，并准确地找出绝对零位代码。一般情况下，绝对式编码器的测量范围为 0~360°。

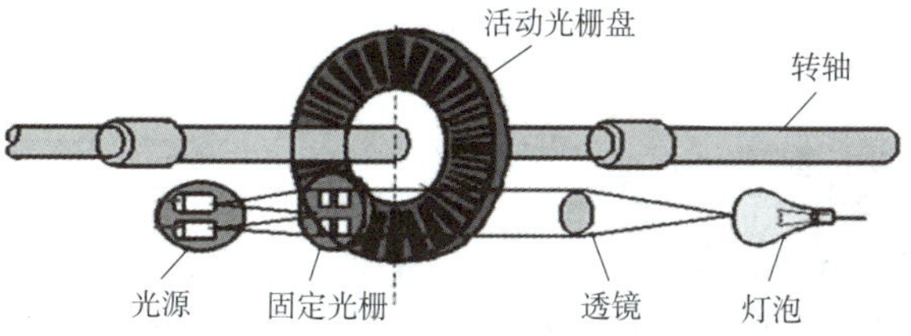

图 2-14　绝对式编码器

绝对式编码器的编码盘旋转到不同位置，对应输出一组不同的数字代码信号，如图 2-15 所示。通过编码器输出的数字代码信号，可以确定被测转轴旋转到达的绝对位置。通过被测转轴初始位置数字代码以及终点位置数字代码，可以确定被测转轴相对的转角与角位移，加入时间参数即可以确定其转速。绝对式编码器的精度和分辨率取决于编码盘的精度和分辨率。增加码盘的扇区及减小固定光栅径向线宽可以提高精度，常采用增加码盘的码道数来提高分辨率。

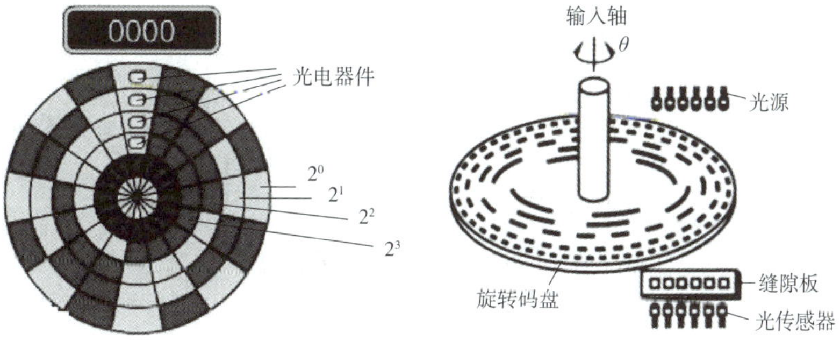

图 2-15　编码盘

在焊接机器人工作站系统中，焊件放在变位机上，在变位机底部装有带有绝对式编码器的伺服电动机，可以使焊枪精确定位焊件所在位置，如图 2-16 所示。

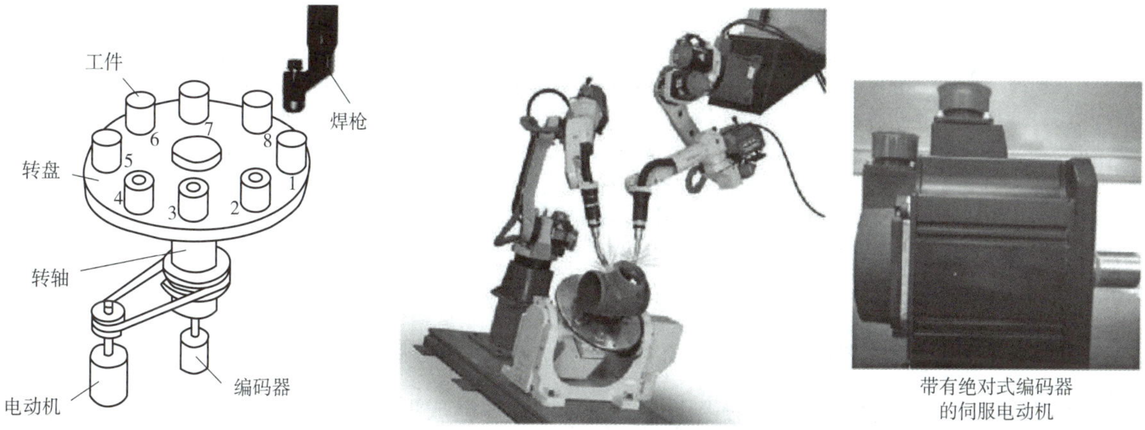

图 2-16　位置定位示意图

2. 测速发电机

测速发电机是一种将机械转速转变为电信号的传感器。测速发电机有直流和交流两种，其中直流测速发电机一般可分为电磁式和永磁式，而交流测速发电机一般可分为同步交流式和异步交流式。

直流测速发电机中的定子(永磁铁)产生恒定磁场，当转子在该磁场中旋转时，电枢绕组中产生交变的电势，经换向器和电刷转换成与转子转速成正比的直流电势。永磁式直流测速发电机工作原理如图 2-17 所示。

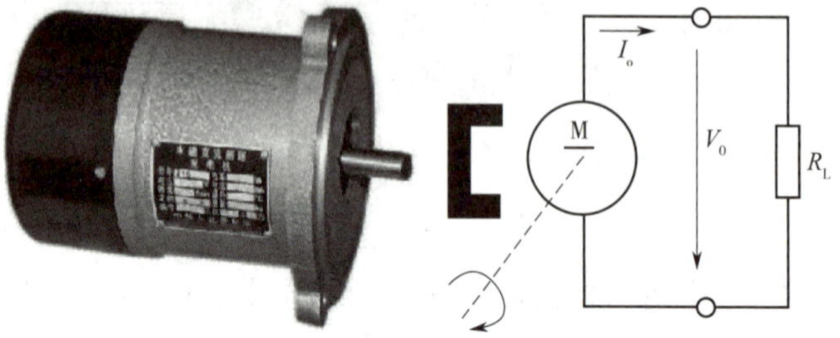

图 2-17 永磁式直流测速发电机工作原理

交流测速发电机定子中的励磁绕组 N_1 与输出绕组 N_2 在空间相互成 90°，且 N_1 通单相交流电，N_2 输出与转子转速成正比的交流电压信号。交流测速发电机工作原理如图 2-18 所示。

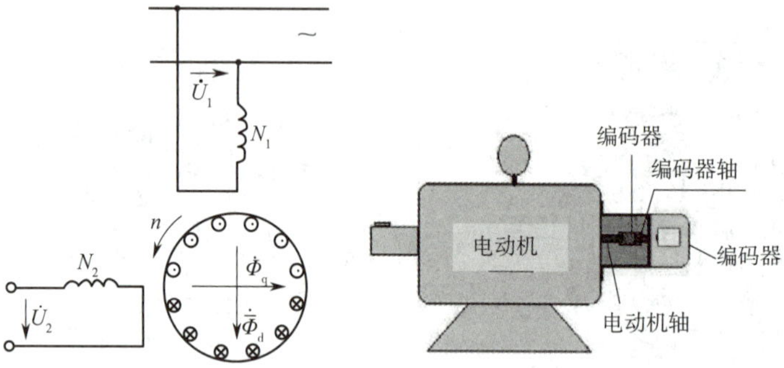

图 2-18 交流测速发电机工作原理

通过反馈控制使电机转速恒定不变，利用编码器检测电机的转速。电机转速由 U_g-U_f 决定，当电机转速发生变化时，U_f 发生变化，从而使 U_g-U_f 发生变化，相应的转速得到调整，并保持恒定不变，如图 2-19 所示。例如，$n\uparrow\rightarrow f\uparrow\rightarrow U_f\uparrow\rightarrow(U_g-U_f)\downarrow\rightarrow n\downarrow$。

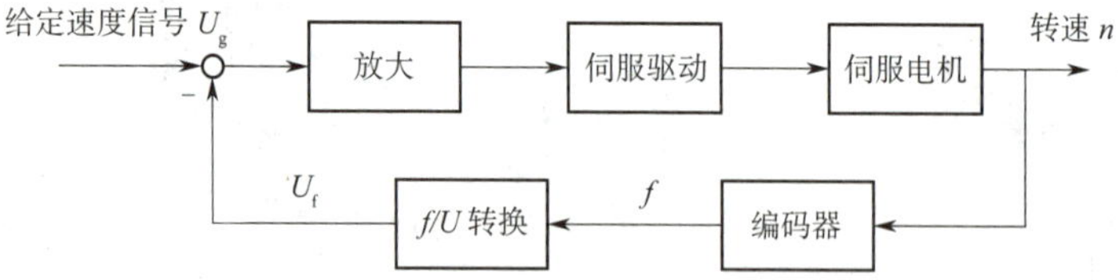

图 2-19 转速恒值控制系统

六、电流/电压传感器

电弧电压的大小会影响焊接过程的稳定性、熔滴过渡、焊缝成形、飞溅程度等，电弧电压是重要的焊接工艺参数。在焊接过程中，通过对焊接时的电弧电压、焊接电流、短路时间等电参数进行分析，可以研究焊接过程中与电参数直接相关的工艺性能，如过渡形式、飞溅程度、电弧稳定性等。因此，正确选择应用在焊接过程参数检测方面的电流/电压传感器是极为重要的，但还需要考虑以下几个性能指标。

1. 隔离和抗干扰能力

焊接方面的参数检测传感器必须具有较高的隔离能力和抗干扰能力，要能保证强电与弱电信号无直接的物理连接。在焊接领域，测试检测参数所采用的传感器的隔离方式通常选择电磁隔离、光电隔离以及霍尔效应隔离。

2. 线性范围

在焊接过程中，需要将大的焊接电流/电压转换为数据采集卡可以处理的小信号，则要求所选用传感器的线性工作范围包括焊接电流/电压的范围。

3. 量程和精度

所选用传感器的量程和精度应该能满足跟随测试信号变化的要求，其灵敏度要与数据采集卡的字长位数相适应。

4. 频响特性

所选用传感器的频响特性必须保证信号不失真，而且它的反应速度要与所选用计算机相匹配。

较为常见的电流/电压传感器是霍尔电流/电压传感器。霍尔传感器具有结构简单、无触点，测量精度优于 1%，响应时间快（可小于 1 μs），频率响应范围宽（0~100 kHz）、动态范围大（输出量的变化可达 1 000：1），过载能力强、寿命长等特点。霍尔传感器能测量各种类型的电流，而电隔离的输出为电压信号或者电流信号，精度普遍较高，虽然需要用辅助电源，但功耗很小，其供电电路如图 2-20 所示。霍尔传感器结构牢固，体积小，质量轻，寿命长，安装方便，频率高（可达 1 MHz），耐振动，不怕灰尘、油污、水汽等污染，使用方便可靠。一般情况下，霍尔传感器的供电电源为 ±15 V，AD 转换器模拟信号输入为 0~5 V 电压信号，所以要将霍尔电流传感器输出的电流信号转换为 AD 转换器的电压输入信号。

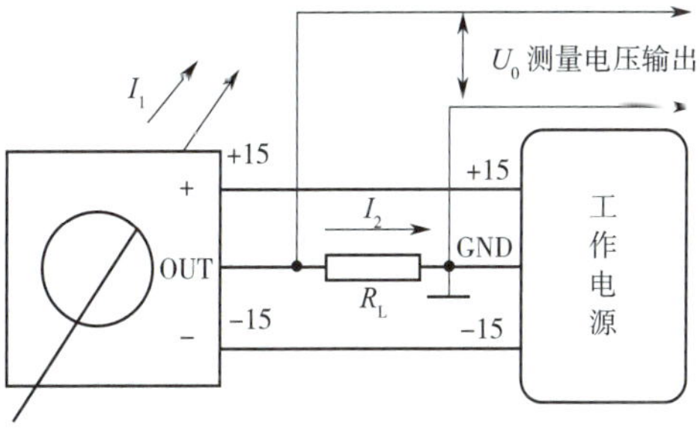

图 2-20　霍尔传感器供电电路

七、焊接过程的焊缝跟踪传感器

焊接生产过程中，自动焊接装置或机器人焊接系统对焊缝的自动、实时跟踪已成为自动化焊接和智能焊接的重要内容。在焊缝自动跟踪系统研究中，首先需要解决的问题是焊缝位置的实时传感，而这种位置信息的获得在很大程度上取决于传感方式。因此，传感器是决定整个系统跟踪精度的首要因素。随着传感器技术的发展，焊缝跟踪技术的研究和应用得到了飞速发展，尤其是焊缝传感技术已从简单的机械接触、电磁感应转变为信息量更大、精确度更高的电弧传感、光学（视觉）传感等方式，同时计算机信息处理也成为必不可少的辅助手段。由于焊接现场工作条件恶劣，而且传感器通常距离电弧较近，很容易受到强烈的弧光、电弧热、高温、辐射、烟尘和飞溅等不利条件的干扰，因此焊缝自动跟踪传感器除与一般传感器一样要求灵敏度高、响应速度快、精确度高、可靠性好、体积小、质量轻、寿命长等外，还特别要求其抗干扰能力强。

1. 焊缝跟踪传感器的分类

焊缝跟踪传感器按工作原理通常可分为接触式和非接触式,如图 2-21 所示。常用的焊缝跟踪传感器有机械式、机械电子式、电弧传感式、超声波式、电磁式和光学视觉式等多种。其中,电弧传感式焊缝跟踪传感器是直接利用焊接电弧的电流、电压信号来检测坡口位置,不需要附加传感装置,因此又称为直接式传感器;而其他的传感方式均需要外加传感器件,因此又称为间接式传感器。随着传感器和信号处理技术的进步,多传感器信息融合将会与弧焊机器人技术相结合,并在焊缝自动跟踪中得到广泛的应用。

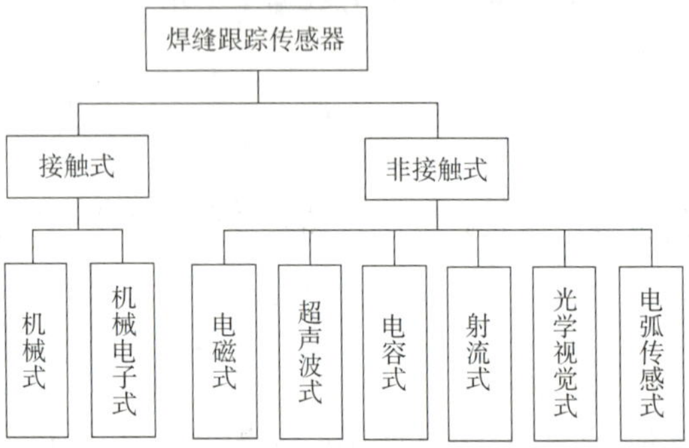

图 2-21 焊缝跟踪传感器分类

2. 电极接触式传感器

电极接触式传感器以检测电源代替焊接电源,并接在电极与焊接工件之间。开始焊接时,焊枪按预定轨迹运动并接触工件,当检测到焊丝与工件接触时,即电压和微电流(10 mA 或更小)的变化,从而判断接触点的坐标。为了保证接触,一般使用 300~600 V 的电压,频率为 50 Hz 或 60 Hz。

电极接触式传感器主要是针对弧焊机器人研制的,它可以有效地检测机器人路径的示教点和实际位置之间的偏差,并在程序中进行修改。电极接触式传感器不能在焊接过程中使用,一般只用于检测焊接的起始和终点位置。在许多场合,电极接触式传感器与电弧式传感器配合使用。

3. 电弧式传感器

在焊接过程中,常使用电弧式传感器。电弧式传感器已作为一种有效、实用的传感器得到发展和应用,它可以成功地应用于弧焊机器人及一般自动焊机的焊缝自动跟踪。当焊枪与工件之间的相对位置发生变化时,会引起电弧电压、电弧电流的变化,这些变化都可以作为特征信号被提取出来,从而实现上下和左右两个方向的跟踪控制,这就是电弧式传感器的工作原理。电弧式传感器主要有摆动式和旋转式两种。

摆动式电弧传感器是电弧式传感器应用较早的形式。如图 2-22 所示,摆动式电弧传感器利用焊枪的摆动实现电弧对坡口的扫描,在摆程的左、右两端和中心,由于电弧长度发生变化,所以焊接电流也发生变化,通过比较左、右两端到中心的电流、电压波形也可以判断焊枪是否对准坡口的中心线。这种方式在控制焊缝成形、改善焊接质量方面有较大的优势,但是受其摆动频率的限制,采样数据处理周期较长、跟踪精度不高,因此又设计出了旋转式电弧传感器。

旋转式电弧传感器采用旋转电弧的方式代替了摆动电弧,旋转频率高达 100 Hz。如图 2-23 所示,旋转式电弧传感器以导电杆作为圆锥的母线,绕圆锥轴线旋转,而不绕导电杆自身轴线旋转,并且在锥顶处运动的幅度很小,这种结构调节扫描直径的方法是调节圆锥顶角,其需用一级齿轮减速传动,故结构较大,从而影响了焊枪的可达性。电弧式传感器的灵敏度与其在坡口上的扫描速度成正比。由于机械摆动速度有限,因此提出了高速旋转扫描传感器的方案,比较电弧在圆周上的角度和此时的焊接电流可以识别坡口位置的信息。

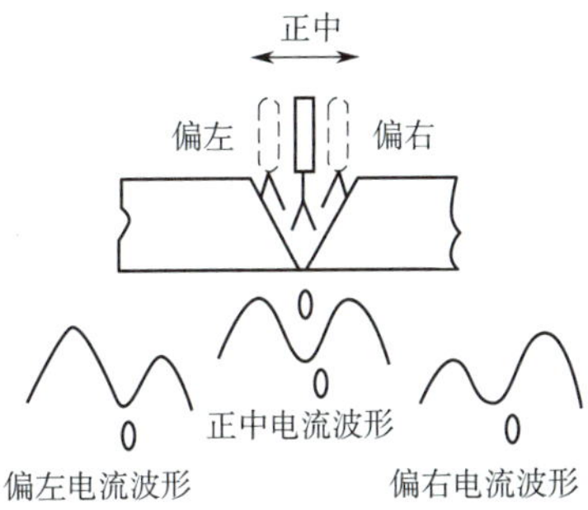

图 2-22 摆动式电弧传感器原理图

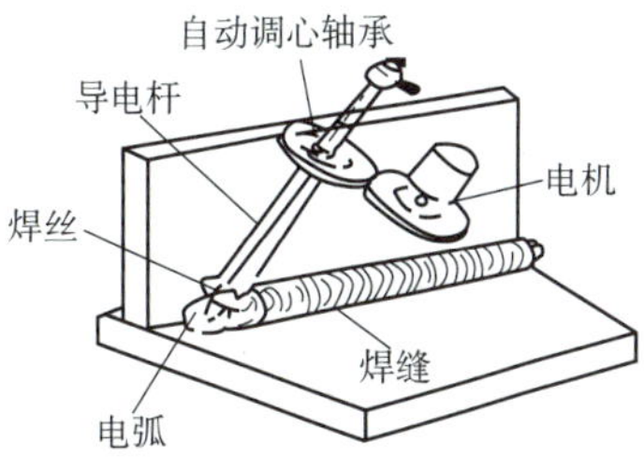

图 2-23 旋转式电弧传感器原理图

旋转式电弧传感器的高速旋转提高了焊枪位置偏差的检测灵敏度，极大地改善了跟踪精度。电弧式传感器要求焊接时电弧比较稳定，且其电流、电压的波动较小。但是在薄板焊接坡口高度小于 4 mm 或 I 形对接接头的焊接中，以及不开坡口的对接焊道，使用电弧式传感器进行焊缝跟踪难以实现。另外，由于其只能在焊接时使用，这样就无法单独做到焊前预先定位，故需要与其他传感器如电极接触式传感器配合使用。

4. 视觉传感器

在诸多焊接过程信息传感方法中，视觉传感是很有前途的一种传感方法，最引人注目之处在于视觉传感器所获得的信息量大，结合计算机视觉和图像处理的最新技术成果，可以极大地增强焊接过程的实时检测。视觉系统可以分为图像输入（获取）、图像处理、图像理解、图像存储和图像输出等，实际系统可以根据需要选择其中的若干部分。

在弧焊过程中，由于存在弧光、电弧热、飞溅以及烟雾等多种强烈的干扰，选用何种视觉传感方法是首先需要确定的问题。在弧焊机器人中，根据使用的照明光的不同，可以把视觉传感方法分为“被动视觉”和“主动视觉”两种。其中，被动视觉指利用弧光或普通光源与摄像机组成的视觉传感系统，而主动视觉一般指使用具有特定结构的光源与摄像机组成的视觉传感系统。

主动光源一般为单光面或多光面的激光或扫描的激光束。目前，已在焊接中应用的激光视觉传感器主要有扫描和结构光两种方式。对于反光的处理，扫描方式比结构光方式要容易。此外，扫描激光传感器的视场深度大，可达 280 mm 或更大。但受到扫描激光斑点的影响，扫描激光传感器的精度，尤其是横向分辨率相对较低，通常大于 0.3 mm；同时，受到机械扫描的影响，扫描速度不高。因此，扫描激光传感器大多只用于大厚度工件的焊缝跟踪和自适应控制。在高精度和高速度跟踪或检测中应用的激光视觉传感器大多为结构光传感器。

激光视觉传感属于视觉传感或光学-视觉传感，即采用光学器件组成焊缝图像信息传感系统，然后对获取的焊缝图像信息进行识别处理，从而获得电弧与焊缝是否偏离、偏离方向和偏离大小的处理结果。如图 2-24 所示为激光视觉传感系统组成。激光视觉传感的基本原理是光学的三角测量原理，当激光束照射到目标物体的表面后，形成一个光斑点，经过摄像头上的透镜在光敏探测器上产生一个像点。由于激光器与摄像头的相对位置是固定的，当激光传感器与目标物体的距离发生变化时，光敏探测器上的像点位置也相应发生变化，所以根据物像的三角形关系可以计算出高度的变化，即测量了高度变化。当激光束以一定的形状扫描（扫描方式）或通过光学器件变换以光面的形式在目标物体的表面投射出线形或其他几何形状的条纹（结构光方式）时，在面阵的光敏探测器上就可以得到表征目标物体截面的激光条纹图像。当激光传感器沿着物体表面扫描前进时，就能得到所扫描表面形状的轮廓信息，所获得的信息可用于焊缝搜索定位、焊缝跟踪、自适应焊接参数控制、焊缝成形检测等。根据这个结果可以控制执行机构，调节电弧与焊缝的相对位置，消除电弧与焊缝的偏离，达到电弧准确跟踪焊缝的目的。

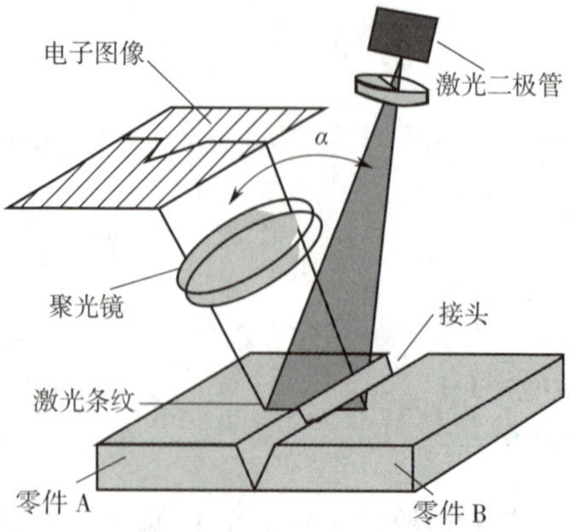

图 2-24　激光视觉传感系统组成

焊接区视觉信息传感采集系统基本上由复合滤光片组、CCD 摄像机、图像采集卡、计算机及图像处理软件等构成。导光通路传输加热区热辐射光线，经复合滤光片组消除弧光干扰，近红外 CCD 摄像机将采集到的加热区图像信息以视频信号形式输入至图像采集卡，最终由计算机上的图像处理软件处理后，提取出对加热区信息特征比较满意的图像。

激光视觉传感焊缝跟踪系统结构如图 2-23 所示，一般采用线结构光可以获取焊缝的二维信息。整个视觉传感系统主要由 CCD 摄像机、带通滤光片、激光器和柱透镜组成。采取 CCD 摄像机垂直对准工件、激光器倾斜布置的工作方式，激光器发出的激光经柱透镜形成一光片照射到工件上形成一条宽度很窄的光带。当该光带被工件反射或折射后，经带通滤光片保留激光器发出的特定波长的光，而滤除其他波长的光，最后进入 CCD 摄像机成像。由于坡口各处与工件在垂直方向上深度不同，故从垂直工件的方向看去，反射光成一折线，折线反映了光纹中心与焊缝坡口中心的三维位置关系。

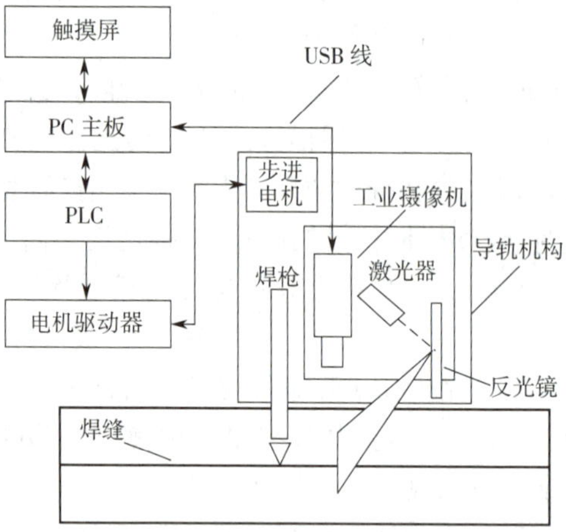

图 2-25　激光视觉传感焊缝跟踪系统结构

由于视觉传感方法模拟了焊工的眼睛，直接利用光学方法检测焊缝的位置，故具有与工件无接触、检测到的信息量大、检测的精度和灵敏度都很高、动态响应快、抗电磁场干扰能力强、适用于各种坡形等优点，可以同时进行焊缝跟踪控制和焊接质量控制。随着计算机技术和图像处理技术的不断发展，又使得其实时性容易满足，所以很受人们的重视，得到了很大的发展，也是人们公认的一种很有发展前途的焊缝跟踪控制方法。

八、焊接自动控制中的传感器应用

1. 汽车生产线上的焊接自动控制

汽车生产线上的焊接工序通常需要进行大量的焊接工作，而传统的手工焊接效率低下且焊接质量难以保证。为了提高生产效率和焊接质量，汽车生产线上引入了焊接自动控制技术。该技术基于先进的焊接机器人和控制系统，通过对焊接参数的实时监测和调整，实现焊接工作的自动化。该技术的原理是通过传感器检测焊接温度、焊缝宽度等参数，然后将数据传输给控制系统，控制系统根据预设的焊接标准和算法，自动调整焊接机器人的动作和焊接参数，从而实现高效、准确的焊接作业。

2. 建筑工程中的焊接自动控制

在建筑工程中，焊接是常见的连接方法之一，而传统的手工焊接需要大量的人力和时间且难以保证焊接质量。为了提高焊接效率和焊接质量，建筑工程中也引入了焊接自动控制技术。

3. 航空航天领域中的焊接自动控制

在航空航天领域中，焊接是一项重要的工艺，对焊接质量要求极高。为了提高焊接质量和焊接效率，航空航天领域中也引入了焊接自动控制技术。

4. 电子制造业中的焊接自动控制

在电子制造业中，焊接是重要的连接工艺，而且对焊接质量要求极高。为了提高焊接效率和焊接质量，电子制造业中也引入了焊接自动控制技术。

5. 石油化工行业中的焊接自动控制

在石油化工行业中，焊接是常见的连接工艺，而传统的手工焊接效率低下且焊接质量难以保证。为了提高石油化工设备的焊接质量和焊接效率，石油化工行业中也引入了焊接自动控制技术。

6. 钢结构制造领域中的焊接自动控制

在钢结构制造领域中，焊接是常用的连接工艺之一，而传统的手工焊接需要大量人力和时间且焊接质量难以保证。为了提高钢结构制造的焊接效率和焊接质量，钢结构制造领域中也引入了焊接自动控制技术。

7. 物流行业中的焊接自动控制

在物流行业中，焊接是常见的连接工艺，而传统的手工焊接效率低下且焊接质量难以保证。为了提高焊接效率和焊接质量，物流行业中也引入了焊接自动控制技术。

8. 冶金行业中的焊接自动控制

在冶金行业中，焊接是重要的连接工艺，对焊接质量要求极高。为了提高焊接效率和焊接质量，冶金行业中也引入了焊接自动控制技术。

任务三　焊接自动化中的执行元件

在焊接自动化系统应用中，执行元件根据输入能量的不同可分为电动、气动和液压三类。电动执行元件具有调节范围宽、灵敏度高、响应速度快、无自转现象等特点，并能长期连续可靠地工作。气动执行元件是一种能量转换装置，将压缩空气的压力能转化为机械能，驱动机构实现直线往复运动、摆动、旋转运动或冲击动作。液压执行元件具有单位质量和单位体积的功率很大、机械刚性好、动态响应快等特点，因此主要被应用于摩擦焊接系统中。

一、电动执行元件

电动执行元件是指将电能转换成机械能的电磁元件或能够实现变流的电力电子器件，在焊接场合常用的有交流伺服电动机、直流伺服电动机、步进电动机和电力电子开关电路等。焊接自动化系统常用的电动机分类如图 2-26 所示。

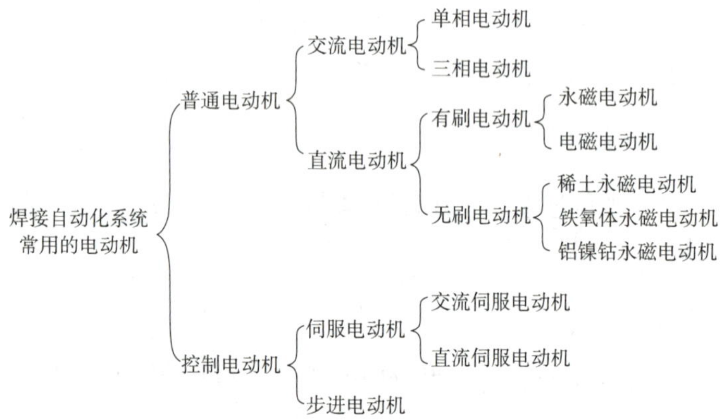

图 2-26　焊接自动化系统常用的电机分类

电动执行元件具有调节范围宽、灵敏度高、响应速度快、无自转现象等特点，并能长期连续可靠地工作，而且在特殊环境条件下还能满足防爆、防腐、耐高温等特殊要求。随着自动控制技术的发展，电动执行元件的种类不断更新，性能不断提高。此外，在电能转换为机械运动的元件方面，有无刷电动机、低惯量电动机、慢速电动机、直线电动机、平面电动机、直流伺服电动机、步进电动机等，这些都是很有发展前途的新型电动执行元件。

伺服电动机是自动控制装置中被用作执行元件的微型特种电动机，其功能是将电信号转换成转轴的角位移或角速度。伺服电动机可以理解为绝对服从控制信号指挥的电动机，在控制信号发出之前，转子静止不动；当控制信号发出时，转子立即转动；当控制信号消失时，转子能即时停转。

1. 直流伺服电动机及驱动

直流伺服电动机是将输入的电信号转换成角位移或角速度输出而带动负载的直流电动机，按励磁方式可分为电磁式和永磁式两类。直流伺服电动机的工作原理与普通直流电动机完全相同，一般应用于功率稍大的自动控制系统中，输出功率为 1~600 W，最高可达几十千瓦。直流伺服电动机也可分为有刷和无刷两类。有刷电动机成本低、结构简单、启动转矩大、调速范围宽、控制容易，且需要维护，但维护方便（更换碳刷即可），会产生电磁干扰，对使用环境有要求，通常用于对成本敏感的普通工业和民用场合。无刷电动机体积小、质量轻，出力大、响应快，速度高、惯量小，力矩稳定、转动平滑，控制复杂、智能化，电子换相方式灵活，可以方波或正弦波换相，电机免维护，高效节能，电磁辐射小，温升低、寿命长，适用于各种环境。直流伺服电动机速度控制精确，转矩-速度特性很硬，控制原理简单，使用方便且价格便宜，但电刷需换向，速度受限，会产生附加阻力，并且容易产生磨损微粒，对无尘、易爆环境不宜采用。

通过直流电动机调速原理的基本公式 $n=\dfrac{U_a-I_aR_a}{C_e\Phi_e}$，可知直流电动机调速的基本方法有三种，分别为改变电枢回路总电阻 R_a，改变电枢供电电压 U_a，改变励磁磁通 Φ_e，如图 2-27 所示。

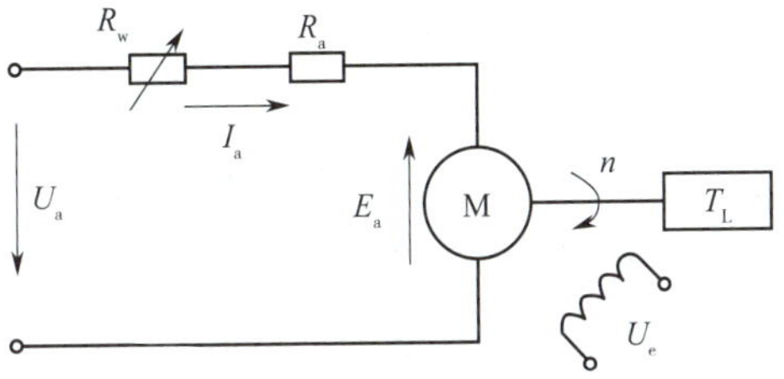

图 2-27　直流电动机调速原理

改变电枢回路总电阻 R_a 调速：$n=\dfrac{U_a-I_a(R_a-R_w)}{C_e\Phi_e}$，负载一定，$R_w$ 增大，电枢回路总电阻增大，电动机转速降低，R_w 的改变可用接触器或主令开关切换来实现。

改变电枢供电电压 U_a 调速：$n=\dfrac{U_a-I_a(R_a-R_w)}{C_e\Phi_e}$，通常采用恒转矩调速，使得不论在高速还是在低速情况下，电动机都能输出额定转矩。

改变励磁磁通 Φ_e 调速：通过改变励磁电流的大小来改变定子磁场强度，从而改变电动机的转速，即恒功率调速。由于电动机在额定运行条件下磁场已接近饱和，因而只能通过减弱磁场来改变电动机的转速，但是这种调速方式一般只适用于电磁式直流伺服电动机。

直流伺服电动机的方向控制：通过改变励磁磁场或电枢电压的方向能改变电动机的旋转方向。将励磁绕组或电枢绕组的接线端对调即可改变转向。一般采用改变电枢供电电压的方向来改变电动机的旋转方向。

2. 交流伺服电动机及驱动

交流伺服电动机是定子绕组的轴线在空间相差 90° 角的两相异步电动机。其中，一相作为励磁绕组，接至固定的交流电源上；另一相作为控制绕组，受功率放大器输出电压的控制。与直流伺服电动机相比，交流伺服电动机消除了电刷的摩擦和换向火花造成的干扰，因而工作可靠、寿命长，但其机械性能和控制性能存在非线性，且电动机的参数随转速而变，因而控制系统的动态特性会受到不利影响。

交流伺服电动机也是无刷电动机，可分为同步和异步两类，目前运动控制中一般都采用同步电动机，其功率范围大（功率可以做到很大），惯量大，最高转速低，转速随功率增大而匀速下降，适用于低速平稳运行场合。交流伺服电动机速度控制特性良好，在整个速度区内可实现平滑控制，几乎无振荡，效率可达 90%以上，发热少，高速控制、高精确度位置控制和高精度位置控制取决于编码器精度。在额定运行区域内，交流伺服电动机可实现恒力矩、低惯量、低噪声、无电刷磨损、免维护，适用于无尘、易爆环境。

交流伺服技术借鉴并应用了变频技术，在直流电动机的伺服控制基础上通过变频的脉冲宽度调制（Pulse Width Modulation，PWM）方式模仿直流电动机的控制方式来实现，变频就是将工频 50 Hz 或 60 Hz 的交流电先整流成直流电并送到可控制门极的各类晶体管，通过载波频率和 PWM 调节逆变为频率可调的波形类似于正余弦的脉动电。由于频率可调，因而交流电动机的速度即可调（$n=60f/2p$，其中 n 为转速，f 为频率，p 为极对数）。交-直-交通用变频器系统组成框图如图 2-28 所示，其中整流部分将普通的交流电整流变换成直流电，逆变部分将直流电变换成频率可变的交流电。

交流伺服系统根据其处理信号的方式不同，可分为模拟式伺服、数字模拟混合式伺服和全数字式伺服；按照使用的伺服电动机的种类不同，可分为笼型异步电动机构成的伺服系统和永磁同步伺服电动机构成的伺服系统，包括方波永磁同步电动机（无刷直流机）伺服系统和正弦波永磁同步电动机伺服系统。

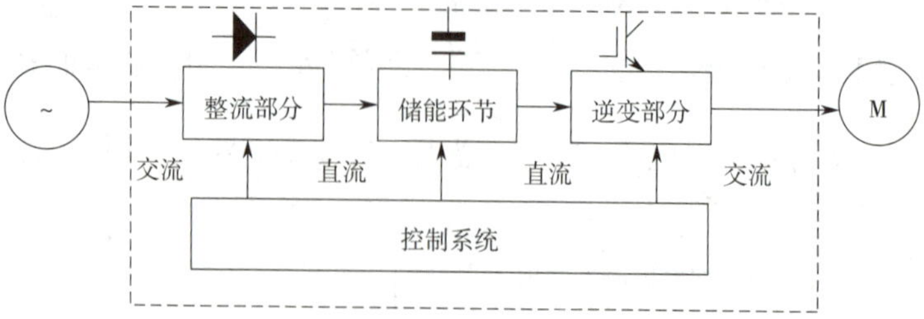

图 2-28　交-直-交通用变频器系统组成框图

伺服驱动的控制方式主要有转矩控制、位置控制和速度控制三种。

转矩控制方式是通过外部模拟量的输入或直接的地址赋值来设定电动机轴对外的输出转矩的大小，例如 10 V 对应 5 N·m，当外部模拟量设定为 5 V 时，电动机轴输出为 2.5 N·m，则如果电动机轴外部负载低于 2.5 N·m 电机正转，外部负载等于 2.5 N·m 电机不转，外部负载大于 2.5 N·m 电机反转。可通过即时的改变模拟量的设定来改变设定的力矩大小，也可通过通信方式改变对应的地址赋值来实现，主要应用在对材质的受力有严格要求的缠绕和放卷的装置中，如送丝装置，转矩的设定要根据缠绕半径的变化随时更改，以确保材质的受力不会随着缠绕半径的变化而改变。

位置控制模式一般是通过外部输入的脉冲的频率来确定转动速度的大小，通过脉冲的个数来确定转动的角度，也有些伺服驱动可以通过通信方式直接对速度和位移进行赋值。由于位置控制方式可以对速度和位置都有很严格的控制，所以一般应用于定位装置，如焊接机器人的关节装置中等。

速度控制方式通过模拟量的输入或脉冲的频率，可以进行转动速度的控制，当有上位控制装置的外环 PID 控制时速度控制方式也可以进行定位，但必须把电动机的位置信号或直接负载的位置信号反馈给上位控制装置以进行运算。位置控制方式也支持直接负载外环检测位置信号，此时的电动机轴端的编码器只检测电动机转速，位置信号由直接的最终负载端的检测装置来提供，这样可以减少中间传动过程中的误差，增加整个系统的定位精度。

3. 步进电动机及驱动

步进电动机是一种专门用于速度和位置精确控制的电动机，它是将电脉冲信号转变为角位移或线位移的开环控制元件。在非超载的情况下，步进电动机的转速、停止的位置只取决于电脉冲信号的频率和脉冲数。

一个电脉冲信号对应步进电动机转过一个步距角，当步进驱动器接收到一个脉冲信号时，它就驱动步进电动机按设定的方向转动一个固定的角度，即步进角。步进电动机转子的转角与输入的电脉冲个数成正比，转速与电脉冲频率成正比，转动方向取决于步进电动机定子绕组的通电顺序。

步进电动机的结构如图 2-29 所示，可知步进电动机由转子（转子铁芯、永磁体、转轴、滚珠轴承）、定子（绕组、定子铁芯）、前后端盖等组成。

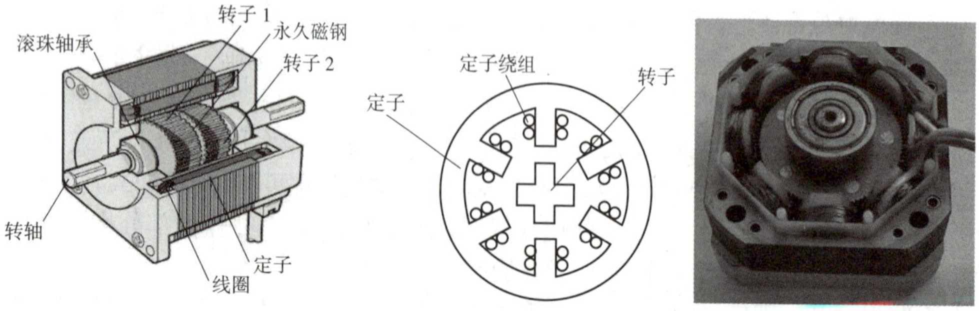

图 2-29　步进电动机的结构

步进电动机可分为永磁式步进电动机、反应式步进电动机、混合式步进电动机等三类。永磁式步进电动机一般为两相，转矩和体积较小，步进角一般为 7.5° 或 15°；反应式步进电动机一般为三相，可实现大转矩输出，步进角一般为 1.5°，但噪声和振动都很大；混合式步进电动机综合了永磁式步进电动机和反应式步进电动机的优点，它又可分为两相和五相，两相步进角一般为 1.8°，而五相步进角一般为 0.72°，这种步进电动机的应用最为广泛。

步进电动机必须有专用的驱动器供电，驱动器主要包括脉冲信号源、脉冲分配器和功率放大器，如图 2-30 所示。

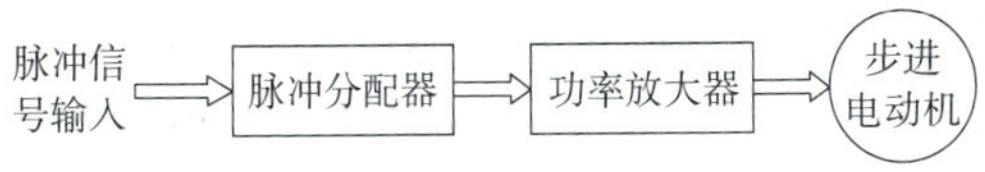

图 2-30　步进电动机驱动器

脉冲信号由脉冲电路、单片机、PLC 专用模块、微机等产生。脉冲分配器将输入脉冲转换成环形脉冲，以控制步进电动机，并能进行正反转控制。步进电动机转速越高、力矩越大，要求驱动器提供给步进电动机的脉冲电流就越大，驱动器电源电压越高，实现功率放大。步进电动机驱动器是一种能使步进电动机运转的功率放大器，它能把控制器发来的脉冲信号转化为步进电动机的角位移，步进电动机的转速与脉冲频率成正比，所以控制脉冲频率可以精确调速，控制脉冲数可以精确定位。

采用可变频率的脉冲信号源可以实现步进电动机速度的调节与控制。从启动到连续转动，一般由较低频率脉冲开始，逐渐提高脉冲频率，即低速启动，逐渐加速到所需速度，实现速度轨迹控制。

步进电动机的控制线圈是按一定的通电方式工作的，为了实现这种轮流通电，需要将控制脉冲按照规定的通电方式分配给步进电动机的每个线圈，以控制步进电动机的运行及换向，这种分配既可以用硬件电路来实现，也可以用软件来实现。步进电动机环形分配器如图 2-31 所示，焊接工作台步进电动机单片机控制系统如图 2-32 所示。

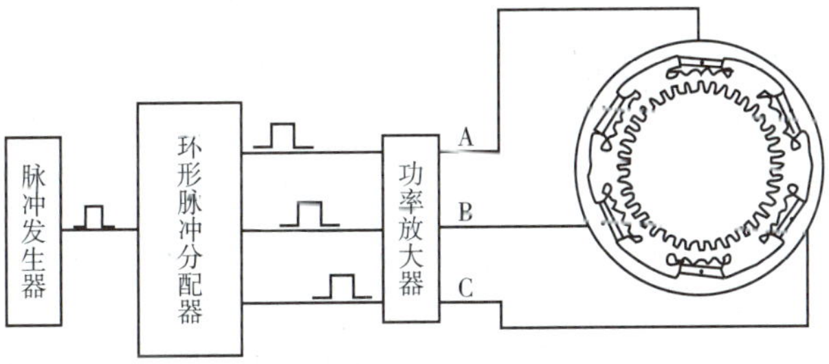

图 2-31　步进电动机环形分配器

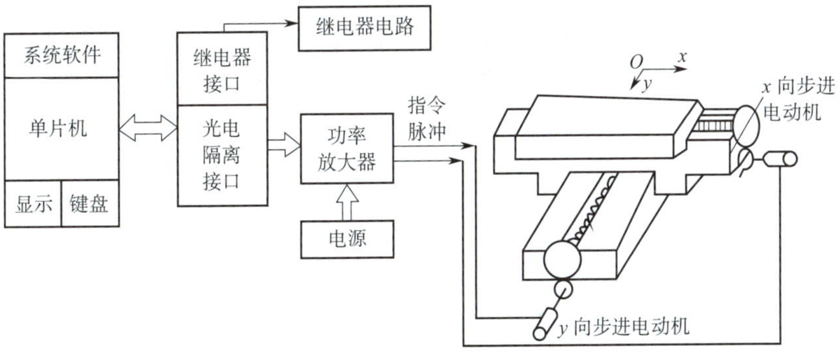

图 2-32　焊接工作台步进电动机单片机控制系统

4. 继电器

继电器是一种通断功率较大的电磁开关，可用于遥控交/直流电路的通断；还可与温度继电器组合成磁力启动器，可用于机床电动机、电力电容器和电焊、电热、起重设备等控制系统的过载保护。继电器是一种电子控制器件，主要有电磁继电器、热敏干簧继电器和固态继电器。

电磁继电器一般由铁芯、线圈、衔铁、触点簧片等组成。只要在电磁继电器线圈两端加上一定的电压，线圈中就会流过一定的电流，从而产生电磁效应，衔铁就会在电磁力吸引的作用下克服返回弹簧的拉力吸向铁芯，从而带动衔铁的动触点与静触点（常开触点）吸合；当线圈断电后，电磁力随之消失，衔铁就会在弹簧的反作用力下返回原来的位置，使动触点与原来的静触点（常闭触点）吸合。这样吸合、释放，从而达到电路导通、切断的目的。电磁继电器线圈未通电时，处于断开状态的静触点称为“常开触点”，处于接通状态的静触点称为“常闭触点”。

热敏干簧继电器是一种利用热敏磁性材料检测和控制温度的新型热敏开关，它由感温磁环、恒磁环、干簧管、导热安装片、塑料衬底及其他一些附件组成。热敏干簧继电器不用线圈励磁，而由恒磁环产生的磁力驱动开关动作。恒磁环能否向干簧管提供磁力是由感温磁环的温控特性决定的。

固态继电器是一种两个接线端为输入端，另两个接线端为输出端的四端器件，中间采用隔离器件实现输入和输出的电隔离。固态继电器按负载电源类型可分为交流型和直流型；按开关形式可分为常开型和常闭型；按隔离形式可分为混合型、变压器隔离型和光电隔离型，其中以光电隔离型应用最多。

二、气动执行元件

气动执行元件是一种能量转换装置，将压缩空气的压力能转化为机械能，驱动机构实现直线往复运动、摆动、旋转运动或冲击动作。实现直线往复运动的气动执行元件称为气缸；实现回转运动的气动执行元件称为气动马达。

在焊接场合中，直线气缸的应用较为广泛，它是气压传动中的主要执行元件，在基本结构上可分为单作用式和双作用式两种。单作用式气缸的压缩空气从一端进入气缸，使活塞向前运动，依靠另一端的弹力或自重等使活塞回到原来的位置；双作用式气缸活塞的往复运动均由压缩空气推动。一般用 0.5~0.7 MPa 的压缩空气作为气缸动力源，行程从几毫米到几百毫米，输出推力从几百牛到几百千牛。随着应用范围的扩大，不断出现新结构的气缸，如带行程控制的气缸、气液进给缸、气液分阶进给缸、具有往复和回转 90° 两种运动方式的气缸等，在机械自动化和机器人等方面得到了广泛的应用。

以气动系统中最常使用的单活塞杆双作用气缸为例，该气缸由缸筒、活塞、活塞杆、前端盖、后端盖及密封件等组成，典型结构如图 2-33 所示。该气缸内部被活塞分成两个腔，其中有活塞杆腔称为有杆腔，无活塞杆腔称为无杆腔。当从无杆腔输入压缩空气时，有杆腔排气，气缸两腔的压力差作用在活塞上所形成的力克服阻力负载推动活塞运动，使活塞杆伸出。当有杆腔进气，无杆腔排气时，使活塞杆缩回。若有杆腔和无杆腔交替进气和排气，活塞即实现往复直线运动。

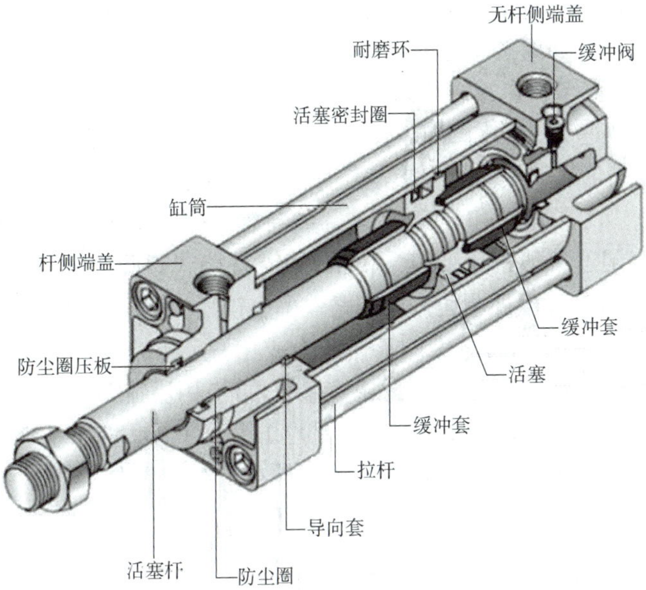

图 2-33　单活塞杆双作用气缸典型结构

三、液压执行元件

液压执行元件是将液压能转换为机械能以实现往复运动或回转运动的执行元件，可分为液压缸、摆动液压马达和旋转液压马达三类。液压执行元件的优点是单位质量和单位体积的功率很大、机械刚性好、动态响应快，因此适用于电阻焊、摩擦焊等场合；缺点是制造工艺复杂、维护困难和效率低。

液压缸的种类很多，可实现直线往复机械运动，输出力和线速度。液压缸仅能向活塞一侧供给高压油的称为单作用液压缸，活塞反向运动依靠弹簧或外力完成；能向活塞两侧交替供给高压油的称为双作用液压缸。活塞杆从缸体一端伸出的称为单出杆液压缸，其两个运动方向的力和线速度不相等；活塞杆从缸体两端伸出的称为双出杆液压缸，其两个运动方向具有相同的力和线速度。

液压马达可实现无限回转机械运动，输出扭矩和角速度。液压马达具有转动量小、换向平稳、便于启动和制动等特点，对加速度、速度、位置具有极好的控制性能，且可与旋转负载直接相连，如图 2-34 所示。

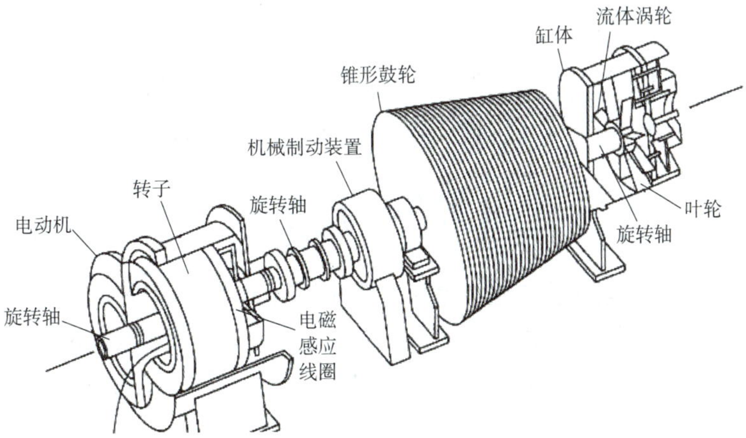

图 2-34　液压马达结构

液压执行元件确定后，其运动方向和运动速度的控制是确定液压回路的核心问题。方向控制可采用换向网或逻辑控制单元来实现。对于中小流量的液压系统，大多通过阀的有机组合实现所要求的动作；对于高压大流量的液压系统，现多采用插装阀与先导控制阀的逻辑组合实现所要求的动作。速度控制可通过改变液压执行元件输入或输出的流量或者利用密封空间的容积变化来实现，相应的调整方式有节流调速、容积调速以及两者结合的容积节流调速。节流调速一般采用定量泵供油，用流量控制阀改变输入或输出液压执行元件的流量来调节速度。这种调速方式结构简单，但由于系统必须采用溢流阀，故效率低、发热量大，多用于功率不大的场合。容积调速是依靠改变液压泵或液压马达的排量来达到调速的目的，其优点是没有溢流损失和节流损失，且效率较高，但为了散热和补充泄漏，需要有辅助泵。这种调速方式适用于功率大、运动速度高的液压系统。容积节流调速一般采用变量泵供油，用流量控制阀调节输入或输出液压执行元件的流量，并使其供油量与需油量相适应。这种调速方式回路效率也较高，速度稳定性较好，但其结构比较复杂。

液压执行元件工作时，要求系统保持一定的工作压力或在一定压力范围内工作，也有的系统需要多级或无级连续地调节压力。在节流调速系统中，通常由定量泵供油，用溢流阀调节所需压力，并保持恒定。在容积调速系统中，通常由变量泵供油，安全阀起到安全保护作用。在有些液压系统中，有时需要流量不大的高压油，这时可考虑采用增压回路得到高压。液压执行元件在工作循环中，在某段时间不需要供油，而又不便停泵的情况下，需考虑选择卸荷回路。在系统的某个局部，当工作压力需低于主油源压力时，要考虑采用减压回路来获得所需的工作压力。

四、电力电子器件

电力电子器件又称为开关器件，它是应用于电力领域的电子器件，其控制功率范围可以从 1 W 以下到几百兆瓦。对于电力电子器件而言，导通状态能流过大电流且导通电压降低，截止状态能承受高电压。开关转换时，开关时间短，开关过程中要能承受足够高的电流变化和电压变化，从而能控制器件的开通和关断。

电力电子器件是数字化焊机的组成部分，熟悉各种功率器件的驱动电路和特性有助于对数字化焊机的理解和掌握。

在焊接系统应用中，电力电子器件广泛应用于弧焊逆变器中，可把工作频率提高到几千至 20 万赫兹，并进行电能的传递和变换。从工作原理来讲，频率的提高给弧焊逆变器的结构和性能等方面带来了高效节能、省材轻巧、动态响应快以及电气性能和焊接工艺性能优良等突出优点。

由电力电子元件构成的驱动电路是电力电子主电路与控制电路之间的接口，也是电焊机装置的重要环节，对整个装置的性能有很大的影响。电力电子器件对驱动电路的一般要求如下：

（1）驱动电路应保证器件的充分导通和可靠关断，以降低器件的导通和开关损耗；

（2）实现与主电路的电隔离；

（3）具有较强的抗干扰能力，防止器件在各种外部干扰作用下的误开关；

（4）具有可靠的保护能力，当主电路或驱动电路自身出现故障时（如过电流和驱动电路欠电压等），驱动电路应迅速封锁输出正向驱动信号并正确关断器件，以保障器件的安全。

【拓展阅读】

探索工业传感技术的未来：连接智能世界的纽带

随着第四次工业革命的到来，工业传感技术正以前所未有的速度和规模发展。这些传感器不仅是机器和设备的眼睛及耳朵，更是连接智能世界的纽带，为制造业带来了前所未有的变革和机遇。

1. 工业传感技术的演进

工业传感技术的发展历程可以追溯到几十年前的简单传感器，如温度传感器和压力传感器。然而，随着科技的进步，传感器变得越来越智能化和多功能化。现代工业传感器不仅能够感知环境的物理参数，还能实现数据采集、处理、分析和通信，为工厂的自动化和智能化提供了关键支持。

2. 工业传感技术的应用领域

工业传感技术已经广泛应用于各个行业和领域，包括制造业、能源、交通运输、医疗保健等。在制造业中，传感器可以监测设备的运行状态，预测故障，提高生产效率和质量；在能源领域，传感器可以实现能源的实时监测和管理，提高能源利用效率；在交通运输领域，传感器可以实现智能交通管理和车辆远程监控，提高交通安全和效率；在医疗保健领域，传感器可以监测患者的健康状况，实现远程医疗和健康管理。

3. 工业传感技术的未来展望

随着物联网、人工智能、大数据等技术的发展和普及，工业传感技术将迎来更加广阔的发展空间和应用场景。未来，工业传感器将变得更加智能化、高效化和多功能化，可以实现更加复杂和精密的监测及控制任务。同时，工业传感器的成本将进一步下降，尺寸和功耗将进一步减小，使其可以应用于更加广泛的领域和场景。

工业传感技术作为连接智能世界的纽带，正在为制造业和各个行业带来前所未有的变革和机遇。在未来，随着技术的不断进步和创新，工业传感技术将发挥越来越重要的作用，成为推动工业智能化和数字化转型的关键驱动力量。让我们共同期待工业传感技术的美好未来。

探索工业传感技术的未来——传感器

项目小结

传感器和驱动装置是焊接自动控制系统的“眼睛”和“手”，必须选择并使用合适的传感器来检测焊接过程的各种信号，以及需要驱动器将控制信号有效地执行才能获得优良的焊缝质量。

选择传感器时，要对传感器类型、灵敏度、频率响应特性、线性范围、稳定性、精度进行考察。焊接传感器按照被测物理量可以分为温度传感器、压力传感器、位移传感器、速度传感器、电流/电压传感器、视觉传感器等。视觉传感是很有前途的传感方法，大大增强了焊接过程的实时检测。

在焊接自动化系统中，执行元件根据输入能量的不同可分为电动、气动和液压三类。在焊接场合常用的有交流伺服电动机、直流伺服电动机、步进电动机和电力电子开关电路等。电动执行元件具有调节范围宽、灵敏度高、响应速度快、无自转现象等特点，并能长期连续可靠地工作。气动执行元件是一种能量转换装置，将压缩空气的压力能转化为机械能，驱动机构实现直线往复运动、摆动、旋转运动或冲击动作。液压执行元件具有单位质量和单位体积的功率很大、机械刚性好、动态响应快等特点。电力电子器件是数字化焊机的组成部分，熟悉各种功率器件的驱动电路和特性有助于对数字化焊机的理解和掌握。

复习思考题

1. 传感器的概念和分类是什么？传感器在自动控制系统中的作用是什么？

2. 什么是焊接传感器？传感器的选用原则是什么？

3. 焊接过程中有哪些地方需要采用位置、速度、位移传感器？举例说明，并绘出其系统结构框图，叙述其控制原理。

4. 光电编码器的工作原理及特点是什么？结合焊接工程实际举例说明其应用。

5. 绝对式编码器与增量式编码器的异同点有哪些？它们在焊接自动化应用中的适用范围是什么？

6. 在焊接自动化中，可以采用哪些传感器进行焊接工件转速的控制？绘出系统结构框图，并说明检测原理。

7. 各种焊缝跟踪传感器的优点和缺点是什么？

8. 电动机调速中常用的传感器有哪些？分析其工作原理。

9. 什么是焊接自动化中的电动执行元件？焊接中常用的电动执行元件有哪些？

项目三
控制技术

项目描述

常见的焊接过程常用单片机、数字信号处理器、可编程控制器、工控机等进行控制。随着数控技术与自动控制理论的不断发展，焊接自动化的发展升级离不开各类可编程的控制器。本项目主要介绍自动焊接设备、自动化焊接生产线控制管理应用中常用的各类控制技术。

知识目标

- （1）了解各种单片机的结构、使用方法及各种开发工具的使用。
- （2）了解数字信号处理器的工作原理及应用。
- （3）熟悉可编程控制器的基本结构、工作原理及其应用。
- （4）熟悉现场总线技术，理解其在智能焊接生产中的管控和应用。

能力目标

- （1）能够理解控制器的应用。
- （2）能够分析焊接自动化系统中的各类控制技术。

素养目标

- （1）培养严谨认真的工作态度，遵守操作规程，强化安全意识。
- （2）培养学生认真思考、积极探索的实践能力。

任务一 控制器概述

随着数控技术与自动控制理论的不断发展，人们在设计制造或改造某种焊接自动化设备时，有很多可选用的硬件控制模块，从而可以加快焊接自动控制系统的进展，提高焊接自动化系统的可靠性。其中常应用的硬件控制模块有单片微型计算机、数字信号处理器、可编程控制器等。

一、单片微型计算机

单片微型计算机（Single-Chip Microcomputer），简称单片机或单片微机，具有体积小、价格低以及RAM、ROM、I/O 接口等资源齐全等显著优点。其特别适合用作机电一体化设备或焊接自动化设备的嵌入式微型控制器。

二、数字信号处理器

数字信号处理器（Digital Signal Processor，DSP）是一种专用于数字信号处理的微处理器，它是一种超大规模集成电路芯片，具有丰富的硬件资源、改进的哈佛结构、高速的数据处理能力和强大的指令系统。以TMS320 系列为代表的 DSP 产品已广泛应用于工业控制与实时图像处理等领域。

三、可编程控制器

可编程控制器（Programmable Logic Controller，PLC）是一种工业化控制器，配置能直接与其他电路连接的数字 I/O 与模拟 I/O 接线端子，可组建成 CPU 模块、数字量输入输出模块、模拟量输入输出模块等电路模块。这些模块使用方便，很容易与存储模块以及稳压电源模块组成焊接自动化系统的核心电路。

可编程控制器的各种模块已实现工业化批量生产，且可靠性高、价格不高，可采用电工熟悉的梯形图进行编程，其可以接收或输出数字量信号、模拟量信号，还可以对控制信息进行逻辑运算、函数运算乃至 PID（比例、积分和微分）控制算法运算。这些优点使得 PLC 在工业控制中得到了大量广泛的应用。在开发成套焊接自动化设备中，常用 PLC 作为控制系统硬件的电路。

任务二　单片机控制技术

一、单片机概述

1. 概念

单片机是指将中央处理器（CPU）、随机存储器（RAM）、只读存储器（ROM）、中断系统、定时器/计数器、I/O 接口等半导体集成电路芯片集成在一块电路芯片上的微型计算机。

2. 特点

（1）可靠性好，抗干扰性好。
（2）易扩展。
（3）控制功能强。

3. 用途

单片机特别适合用作机电一体化设备、智能化仪器仪表以及现代家用电器的控制核心。

二、AT89S 系列单片机介绍

AT89S 系列单片机有 AT89S51、AT89S52、AT89S53 和 AT89S8252 等四种机型，这些芯片的内部结构基本相同，仅部分的电路模块功能略有不同。

1. AT89S51 单片机结构

AT89S51 是 AT89S 系列单片机的基本机型，其主要特性及功能如下：
（1）具有 8 位 CPU，内含 4 KB 的 Flash 程序存储器，可在线编程，擦写次数可达 1 000 次；
（2）内含 128 字节的 RAM；
（3）具有 4 个 8 位并行 I/O 接口，共 32 根线，以及 2 个 16 位可编程定时/计数器；
（4）具有 6 个中断源、5 个中断矢量、2 级中断优先级的中断结构系统；
（5）具有全双工串行通信口；
（6）具有片内看门狗定时器；
（7）具有 26 个特殊功能寄存器；
（8）具有两个数据指针 DPTR0 和 DPTR1；
（9）具有在线可编程功能 ISP 端口；
（10）具有断电标志 POF；
（11）具有掉电状态下的中断恢复模式；
（12）具有低功耗节电运行模式；
（13）振荡器和时钟电路稳定，工作主频为 0~33 MHz；
（14）电源电压范围为 DC4.0~5.5 V。

2. AT89S51 单片机引脚排列及功能

单片机芯片封装有针脚式封装（DIP）和表面贴片式封装（SMD）两大类。

单片机双列直插封装如图 3-1 所示。为了识别管脚，单片机芯片都开有缺口，识别时将芯片缺口朝上，管脚向下放置于桌面上，左边第一个引脚即为管脚“1”；有的芯片在开口的同时，还在“1”管脚处刻有圆圈作为标记，按此标记逆时针顺次排列管脚。

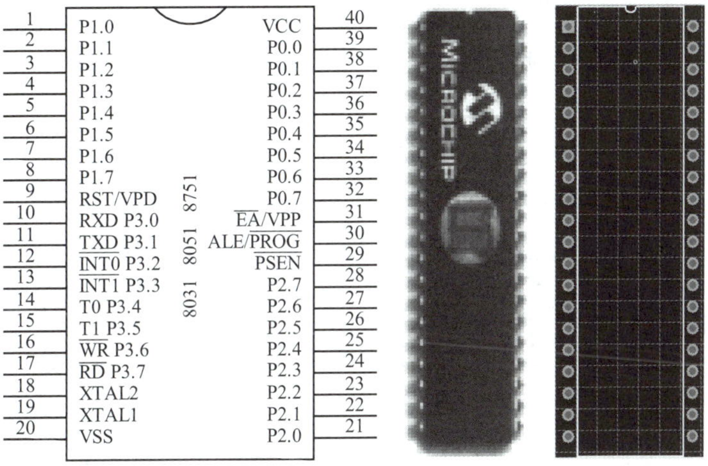

（a）　（b）　（c）

图 3-1　单片机双列直插封装图

（a）原理图库中器件图　（b）实物图　（c）PCB 板封装库中封装图

单片机贴片封装如图 3-2 所示。为了识别管脚，方形芯片有一个角被切除，识别时将芯片缺角朝左上方，管脚向下放置于桌面上，左边第一个引脚即为管脚“1”；有的芯片在切角的同时，还在“1”管脚处刻有圆圈作为标记，按此标记逆时针顺次排列管脚。

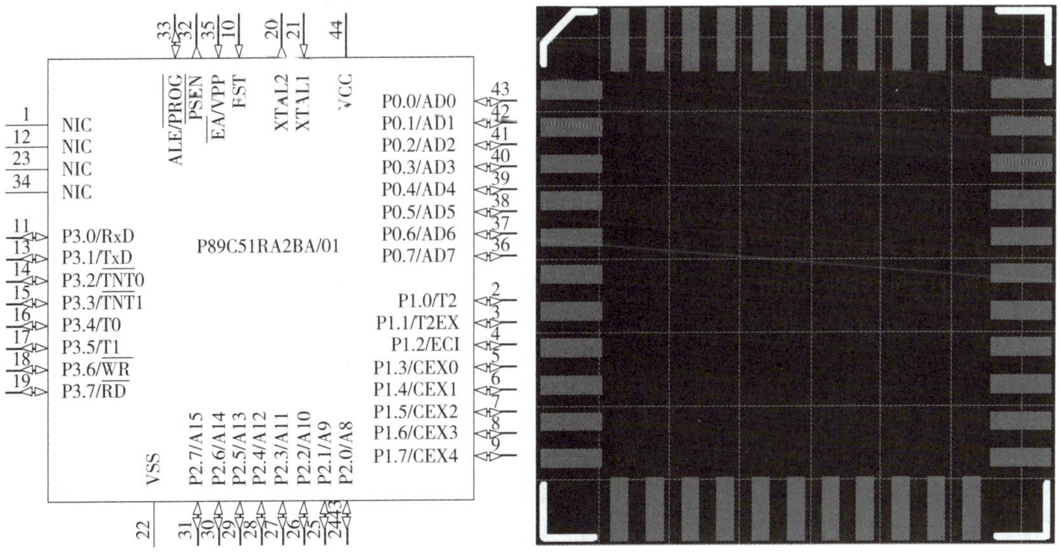

（a）　（b）

图 3-2　单片机贴片封装图

（a）原理图库中器件图　（b）PCB 板封装库中封装图

三、芯片管脚功能

以 AT89S51 为内核的单片机现已派生出很多厂家，当其采用 40 引脚的双列直插封装时，引脚排列如图

3-1 所示，40 个引脚的功能说明如下。

1. 主电源引脚 VSS 和 VCC

（1）VSS（第 20 引脚）接地。

（2）VCC（第 40 引脚）正常操作时为+5 V 电源。

2. 外接晶振引脚 XTAL1 和 XTAL2

（1）XTAL1（第 19 引脚）为内部振荡电路反相放大器的输入端，是外接晶体的一个引脚。当采用外部振荡器时，此引脚接地。

（2）XTAL2（第 18 引脚）为内部振荡电路反相放大器的输出端，是外接晶体的另一个引脚。当采用外部振荡器时，此引脚接外部振荡源。

3. 控制或与其他电源复用引脚 RST/VPD，ALE/$\overline{\text{PROG}}$，$\overline{\text{PSEN}}$ 和 $\overline{\text{EA}}$/VPP

（1）RST/VPD（第 9 引脚），当振荡器运行时，此引脚上出现两个机器周期的高电平（由低到高跳变），将使单片机复位；在 VCC 掉电期间，此引脚可接上备用电源，由 VPD 向内部提供备用电源，以保持内部 RAM 中的数据。

（2）ALE/$\overline{\text{PROG}}$（第 30 引脚），正常操作时为 ALE 功能（允许地址锁存），提供把地址的低字节锁存到外部锁存器，ALE 引脚以不变的频率（振荡器频率的 1/6）周期性地发出正脉冲信号。因此，它可用作对外输出的时钟，或用于定时目的。但要注意，每当访问外部数据存储器时，将跳过一个 ALE 脉冲，ALE 可以驱动（吸收或输出电流）8 个 LSTTL 电路。对于 EPROM 型单片机，在 EPROM 编程期间，此引脚接收编程脉冲（$\overline{\text{PROG}}$ 功能）。

（3）$\overline{\text{PSEN}}$（第 29 引脚）为外部程序存储器读选通信号输出端，在从外部程序存储取指令（或数据）期间，$\overline{\text{PSEN}}$ 在每个机器周期内两次有效，$\overline{\text{PSEN}}$ 同样可以驱动 8 个 LSTTL 电路。

（4）$\overline{\text{EA}}$/VPP（第 31 引脚）为内部程序存储器和外部程序存储器选择端。当 $\overline{\text{EA}}$/VPP 为高电平时，访问内部程序存储器；当 $\overline{\text{EA}}$/VPP 为低电平时，则访问外部程序存储器。对于 EPROM 型单片机，在 EPROM 编程期间，此引脚加 21 V 的 EPROM 编程电源（VPP）。

4. 输入/输出引脚 P0.0~P0.7，P1.0~P1.7，P2.0~P2.7，P3.0~P3.7

（1）P0 口（P0.0~P0.7，对应芯片 32~39 引脚）是一个 8 位漏极开路型双向 I/O 口，在访问外部存储器时分时传送低字节地址和数据总线，能以吸收电流的方式驱动 8 个 LSTTL 负载。

（2）P1 口（P1.0~P1.7，对应芯片 1~8 引脚）是一个带有内部提升电阻的 8 位准双向 I/O 口，能驱动（吸收或输出电流）4 个 LSTTL 负载。

（3）P2 口（P2.0~P2.7，对应芯片 21~28 引脚）是一个带有内部提升电阻的 8 位准双向 I/O 口，在访问外部存储器时输出高 8 位地址，可以驱动（吸收或输出电流）4 个 LSTTL 负载。

（4）P3 口（P3.0~P3.7，对应芯片 10~17 引脚）是一个带有内部提升电阻的 8 位准双向 I/O 口，能驱动（吸收或输出电流）4 个 LSTTL 负载，还是第二功能。

AT89S51 采用贴片封装为 44 个引脚，有 4 个引脚空着，其他引脚功能与上述相同，只是引脚数不同。

四、I/O 端口内部结构

I/O 端口又称为 I/O 接口，也称为 I/O 通道或 I/O 通路，I/O 端口是 MCS-51 单片机对外部实现控制和信息交换的必经之路。I/O 端口有串行和并行之分，串行 I/O 端口一次只能传送一位二进制信息，并行 I/O 端口一次能传送一组二进制信息。

1. 并行 I/O 端口

MCS-51 单片机设有 4 个 8 位双向 I/O 端口（P0、P1、P2、P3），每一条 I/O 线都能独立地用作输入或输出。P0 口为三态双向口，能驱动 8 个 LSTTL 电路。P1、P2、P3 口为准双向口（在用作输入线时，锁存器必须先写入“1”，故称为准双向口），能驱动 4 个 LSTTL 电路。

（1）P0 口位结构如图 3-3 所示。

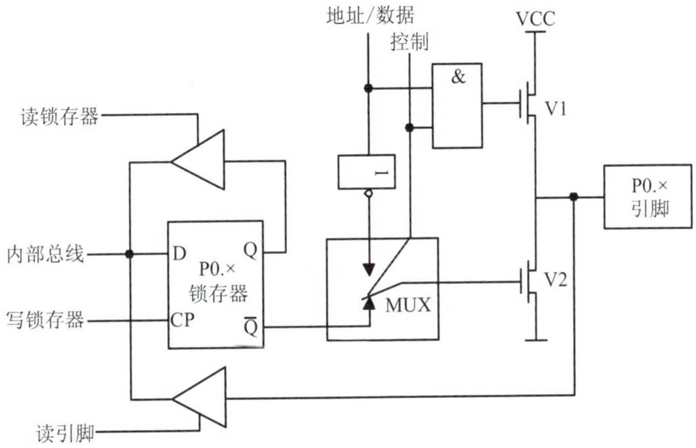

图 3-3　P0 口位结构

（2）P1 口位结构如图 3-4 所示。

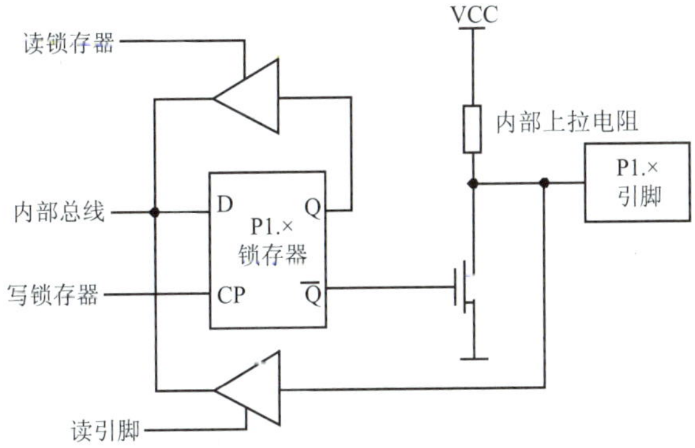

图 3-4　P1 口位结构

（3）P2 口位结构如图 3-5 所示。

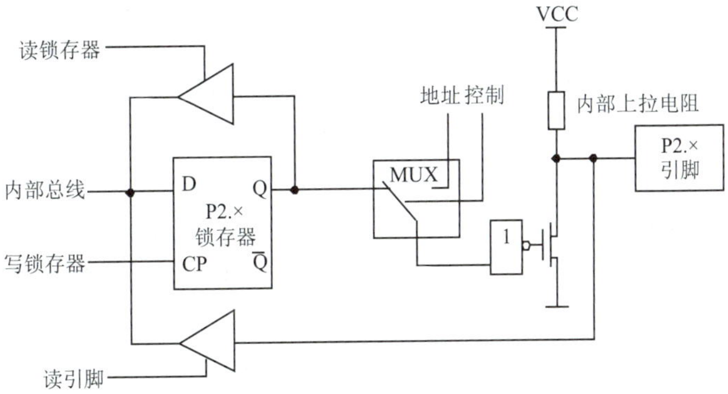

图 3-5　P2 口位结构

（4）P3 口位结构如图 3-6 所示，其第二功能详见表 3-1。

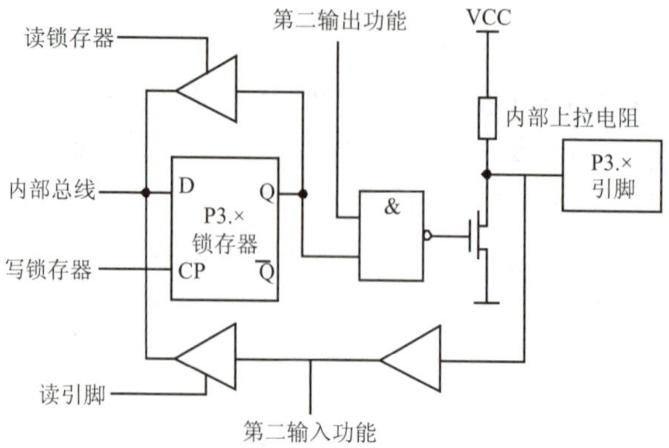

图 3-6 P3 口位结构

表 3-1 P3 口的第二功能

端口功能	第二功能
P3.0	RXD——串行输入(数据接收)口
P3.1	TXD——串行输出(数据发送)口
P3.2	$\overline{\text{INT0}}$——外部中断 0 输入线
P3.3	$\overline{\text{INT1}}$——外部中断 1 输入线
P3.4	T0——定时器 0 外部输入
P3.5	T1——定时器 1 外部输入
P3.6	$\overline{\text{WR}}$——外部数据存储器写选通信号输出
P3.7	$\overline{\text{RD}}$——外部数据存储器读选通信号输入

2. 串行 I/O 端口

8051 单片机有一个全双工的可编程串行 I/O 端口。这个串行 I/O 端口既可以在程序控制下将 CPU 的八位并行数据变成串行数据一位一位地从发送数据线 TXD 发送出去,也可以把串行接收到的数据变成八位并行数据送给 CPU,而且这种串行发送和串行接收可以单独进行,也可以同时进行。

五、单片机系统开发工具

不管哪种类型的单片机,厂家都要配套提供编程器(固化程序)、硬件仿真器、开发软件(汇编软件)、指令系统、芯片使用说明书等。随着计算机技术的进步和软件技术的发展,单片机开发手段变得丰富多彩,全软件仿真的成功使用为我们学习单片机知识提供了很好的手段,将抽象的概念变得更直观和形象。

1. Keil C51 仿真软件的使用

Keil μVision 是现在流行的单片机开发环境之一,它集可视化编辑、编译、调试、仿真于一体,支持 51 汇编、PLM 和 C 语言的混合编程,功能强大、界面友好、易学易用。安装 Keil μVision 的方法与一般的软件安装相同,安装完成后将在 Windows 桌面生成一个 Keil μVision 图标。单击开始→程序→ Keil μVision 即可启动该软件,也可双击 Keil μVision 图标启动该软件,图标和启动界面如图 3-7 所示。随后进入 Keil μVision 的工作界面,如图 3-8 所示。

图 3-7　**Keil μVision 图标和启动界面**

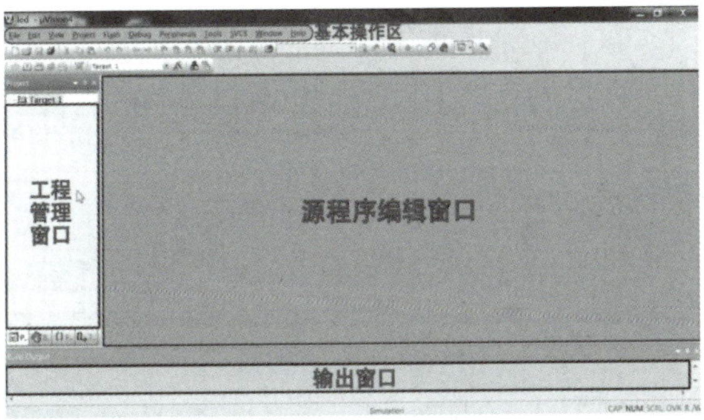

图 3-8　**Keil μVision 工作界面**

利用 Keil μVision 开发单片机需要完成四个步骤，包括建立工程文件、建立并添加源文件、工程配置、工程编译等，开发流程如图 3-9 所示。

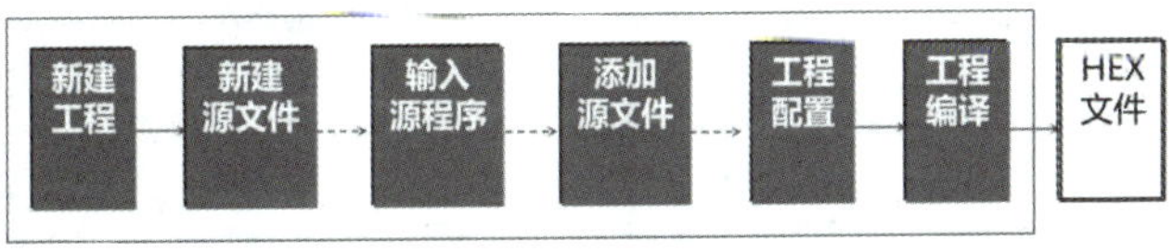

图 3-9　**Keil μVision 单片机开发流程示意图**

1 ）建立工程文件

首先，启动 Keil μVision 后，依次单击“Project”→“New μVision Project…”选项，如图 3-10 所示；然后从弹出的窗口中选择要保存项目的路径，并输入项目文件名“led”，再点击“保存”按钮，如图 3-11 所示；最后从弹出的选择 CPU 型号的对话框中，根据所使用的单片机，选择“AT89C51”，选定 CPU 型号后可以从窗口右边一栏看到对这个单片机的基本说明，再点击“OK”按钮，如图 3-12 所示。至此，新工程建立完成。

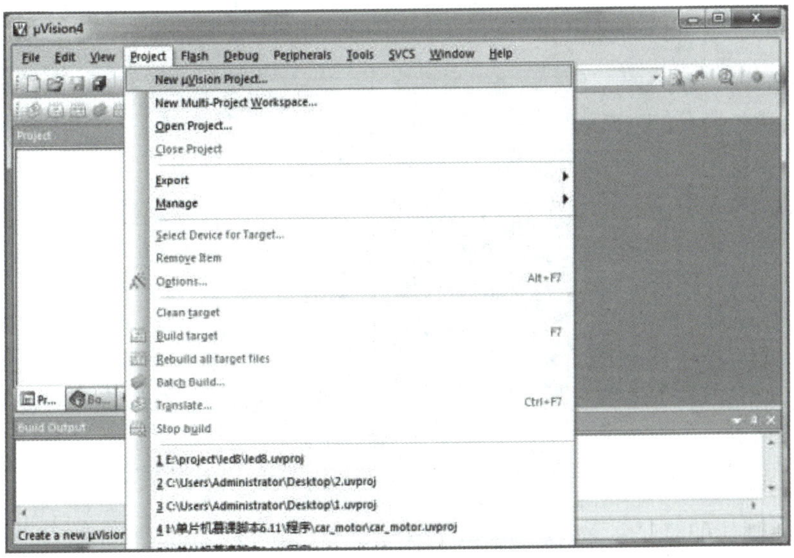

图 3-10　**“Project”下拉菜单**

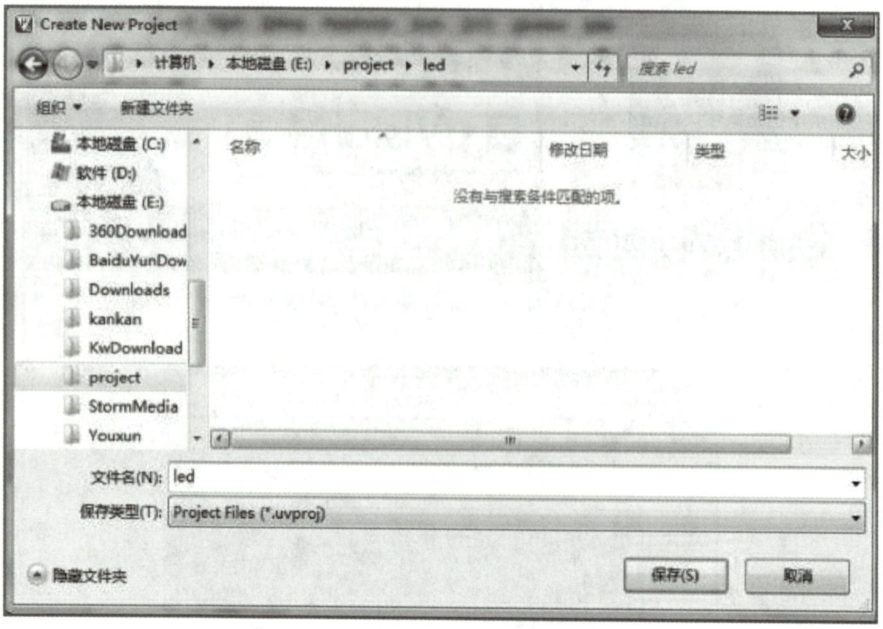

图 3-11　保存窗口

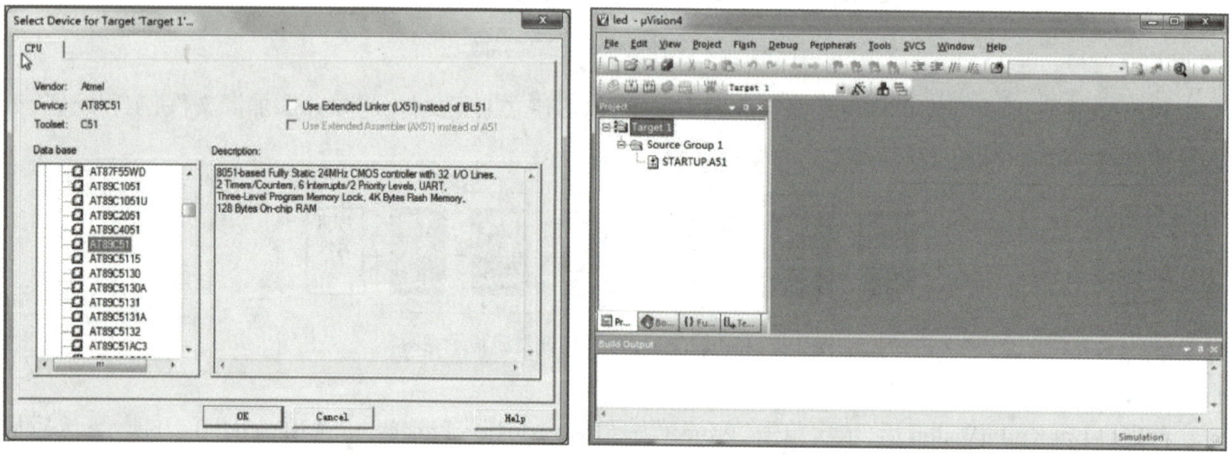

图 3-12　新工程建立完成

2)建立并添加源文件

首先依次单击“File”→“New…”选项,新建文件;然后依次单击“File”→“Save as…”选项,保存为“led.c”C 语言源程序文件,如图 3-13 所示。

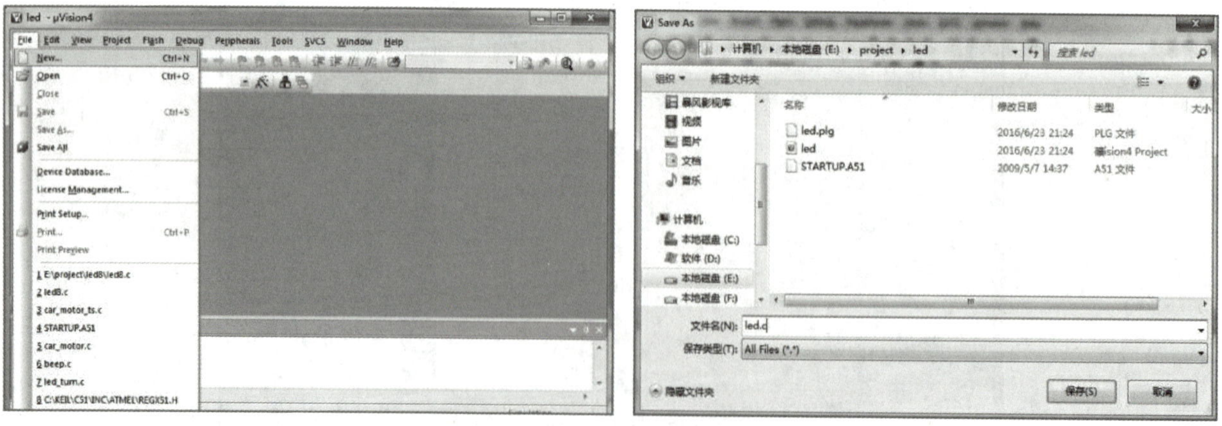

图 3-13　新建源文件

下面需要将刚才创建的源程序文件添加到项目中去。首先单击“Target 1”前面的“+”号,展开里面的内容“Source Group 1”;然后将鼠标指向“Source Group 1”并单击右键,弹出一个右键菜单,再单击右键菜单中的“Add Files to Group‘Source Group 1’…”选项，如图 3-14 所示；从弹出的窗口中选择刚才保存的文件“led.c”，并单击“Add”按钮，从而将其添加到项目中去，“STARTUP.A51”自动加入文件目录下，如图 3-15 所示；最后在项目的源文件中输入 C 语言源程序，如图 3-16 所示。

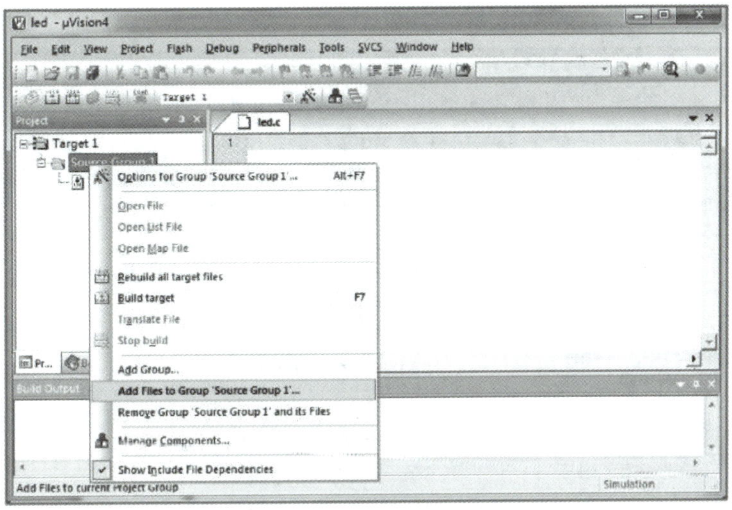

图 3-14　添加源文件窗口

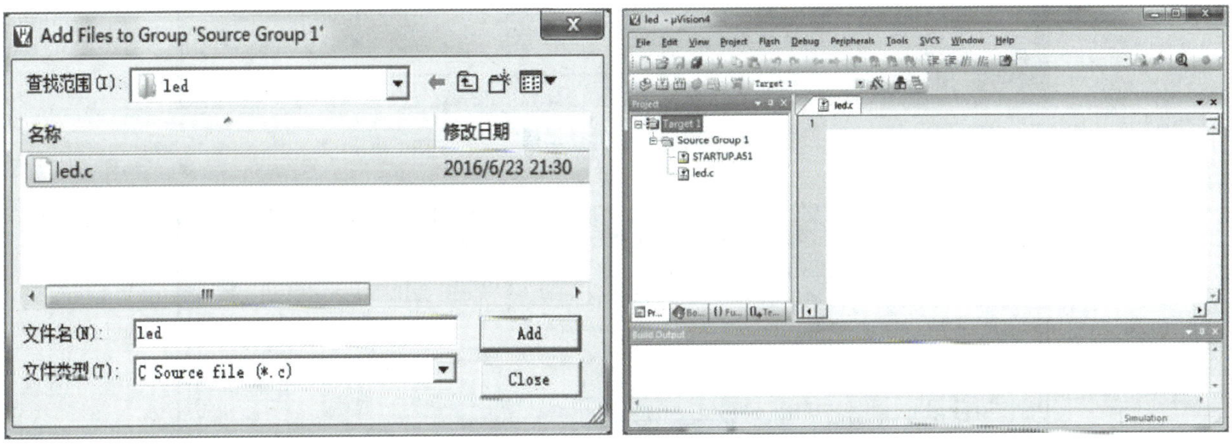

图 3-15　添加源文件到项目

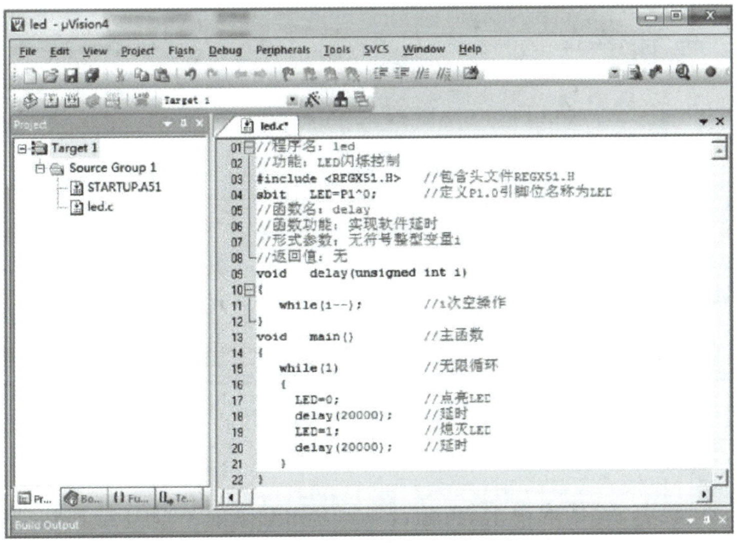

图 3-16　输入 C 语言源程序

3）工程配置

源程序文件添加完毕后，将鼠标指向“Target 1”并单击右键，再从弹出的右键菜单中单击“Options for Target ‘Target 1’…”选项，如图 3-17 所示；然后从弹出的“Options”目标属性窗口中选择“Output”标签栏，并按图 3-18 所示设置其中各项。

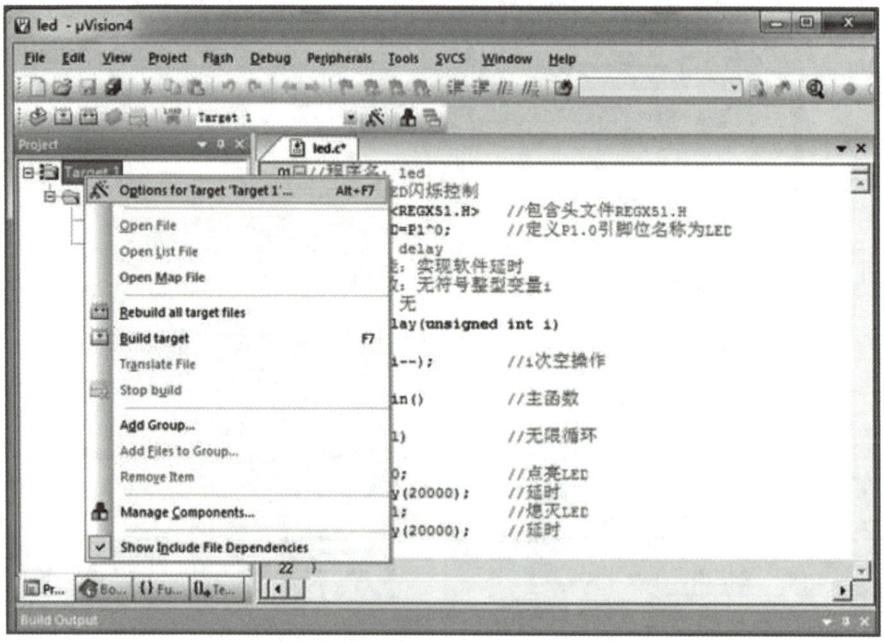

图 3-17 配置工程

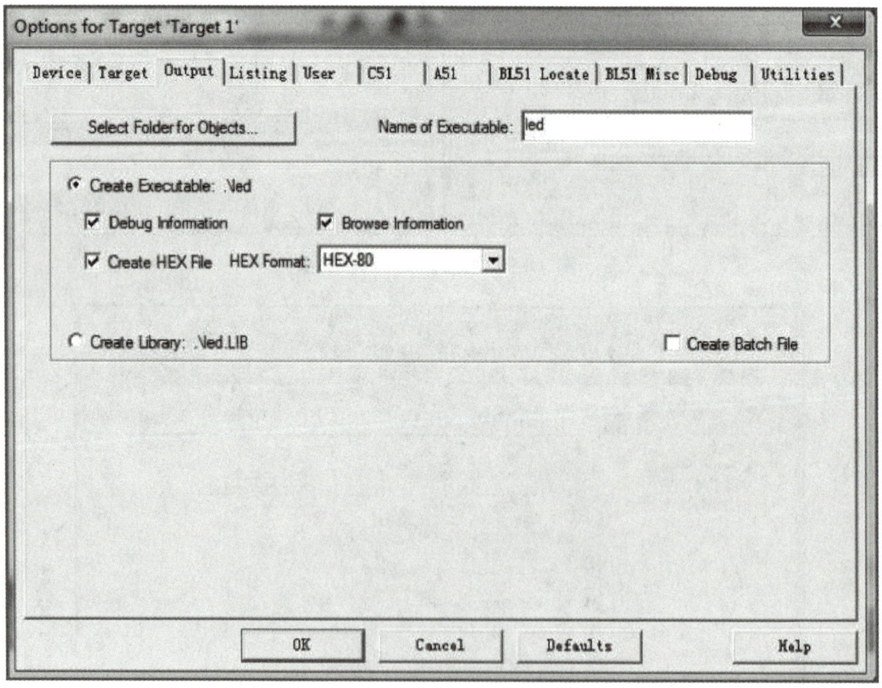

图 3-18 设置目标属性

4）工程编译

完成必要的目标属性设置后，依次单击“Project”→“Build target”选项（或按快捷键 F7）来编译工程，如图 3-19 所示；然后开始对项目中的程序文件进行编译连接，并生成与项目文件同名的可执行代码及用于 EPROM 编程的 Hex 文件，如果没有错误，工程编译成功后如图 3-20 所示。

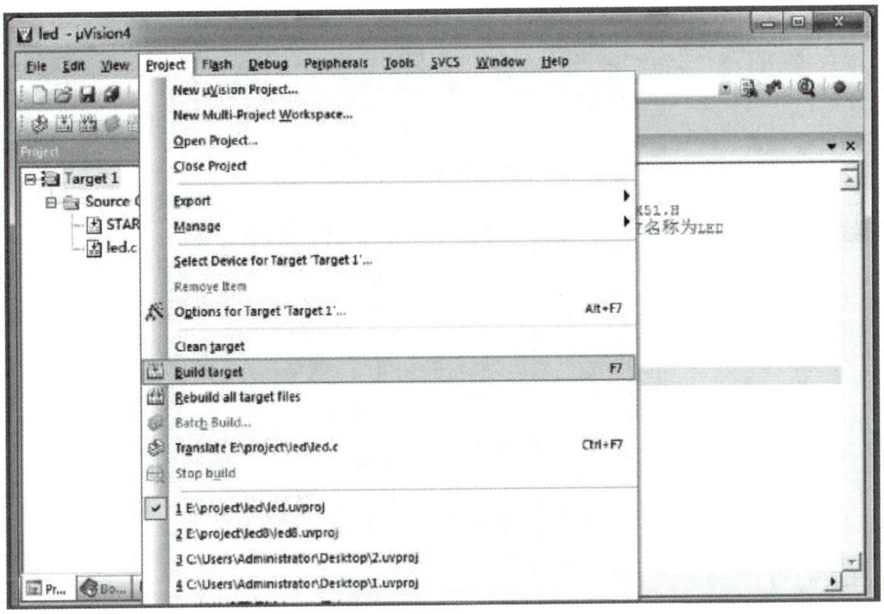

图 3-19 编译工程

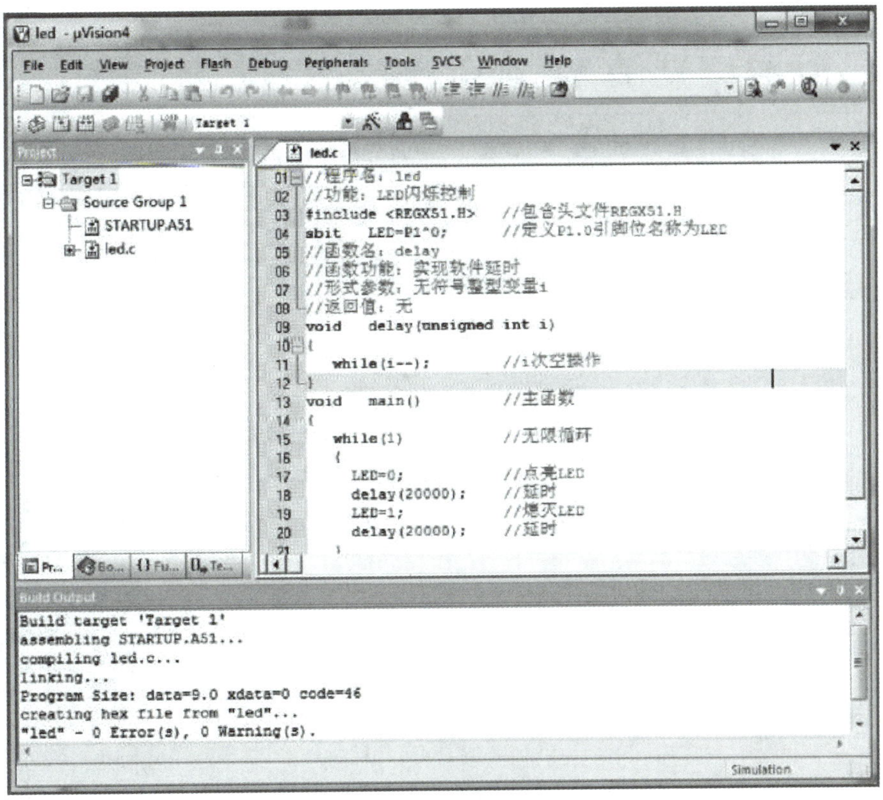

图 3-20 工程编译成功

2.Proteus 电路仿真软件的使用

Keil C51 只能仿真调试编写的 C 语言程序是否正确，不能仿真单片机接口芯片，因此需要使用 Proteus 软件进行硬件仿真具体步骤如下。

（1）进入 Proteus 仿真环境。

（2）在主窗口页面，先建新文件，再放器件，放置器件的方法是先单击主菜单“Library”，再单击下拉菜单中的“Pick Device/Symbol...P”，如图 3-21 所示。

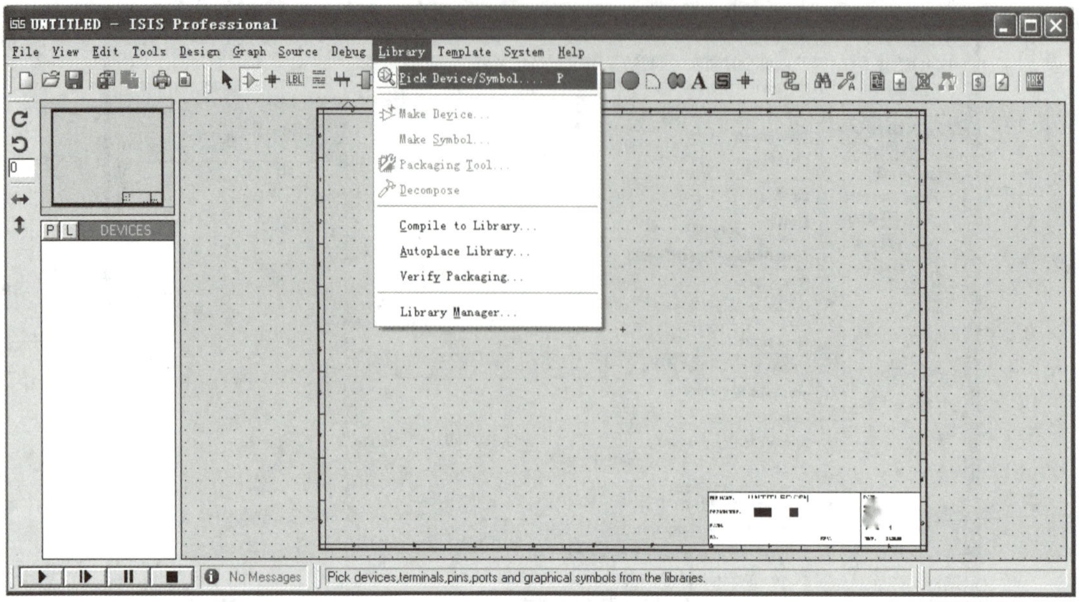

图 3-21　主窗口

（3）在弹出的窗口中“Keywords”处输入“89C51”，并选择第一项，单击“OK”按钮，如图 3-22 所示。

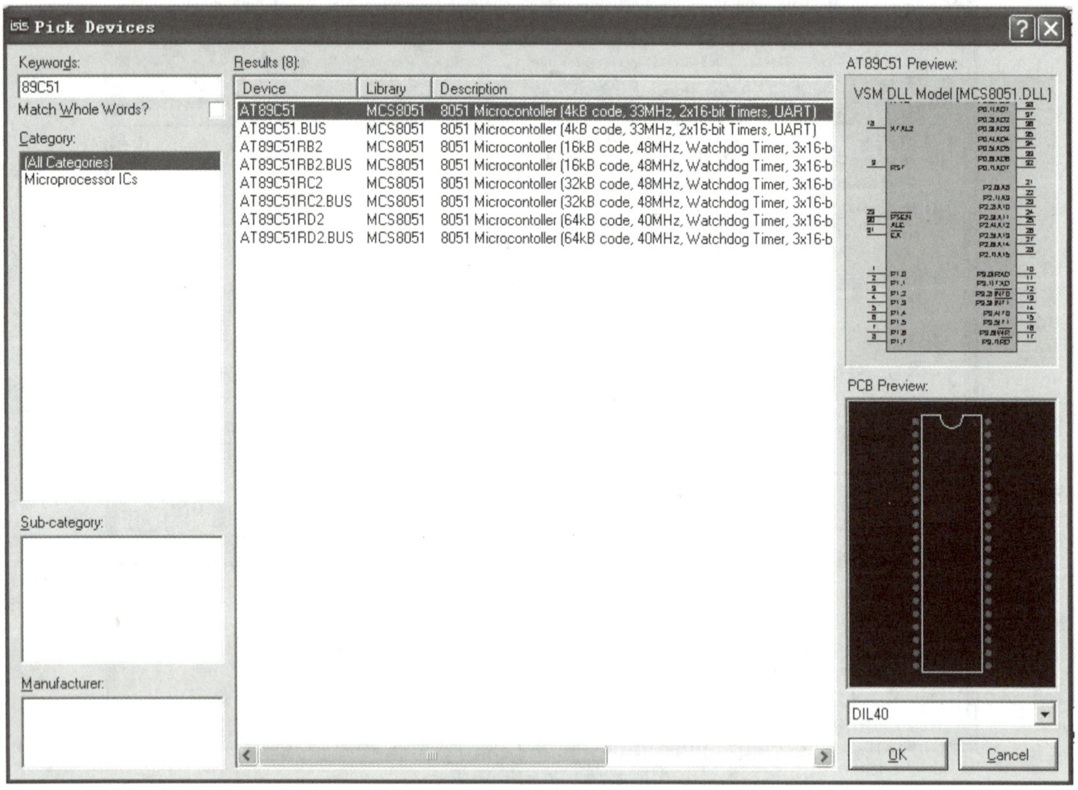

图 3-22　元件库

（4）返回主窗口，单击鼠标左键，放置 AT89C51 芯片，如图 3-23 所示。

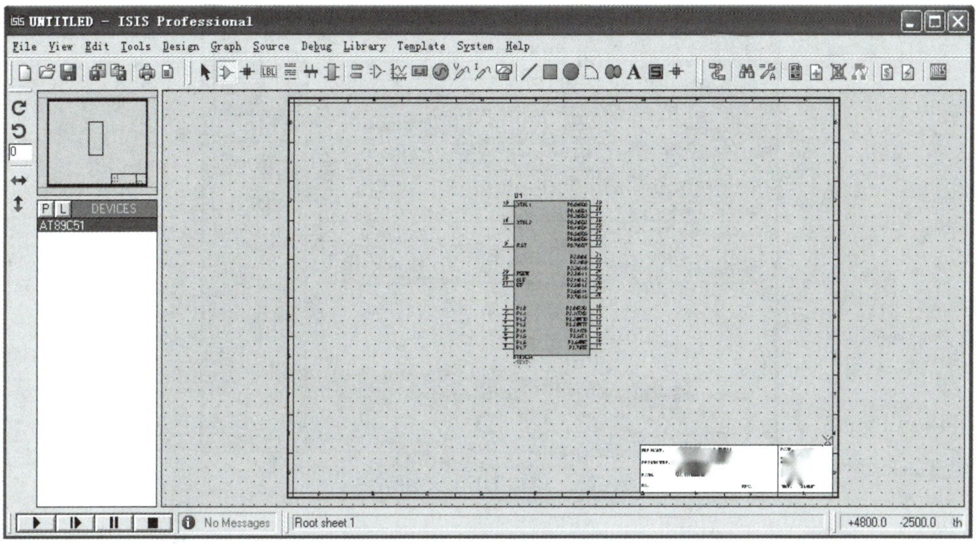

图 3-23　在主窗口放置器件

(5)重复(3)和(4)两步,将控制设计电路图中涉及的元器件依次添加到主窗口,并完成导线连接。如图 3-24 所示为常见的控制器声光报警单片机电路。

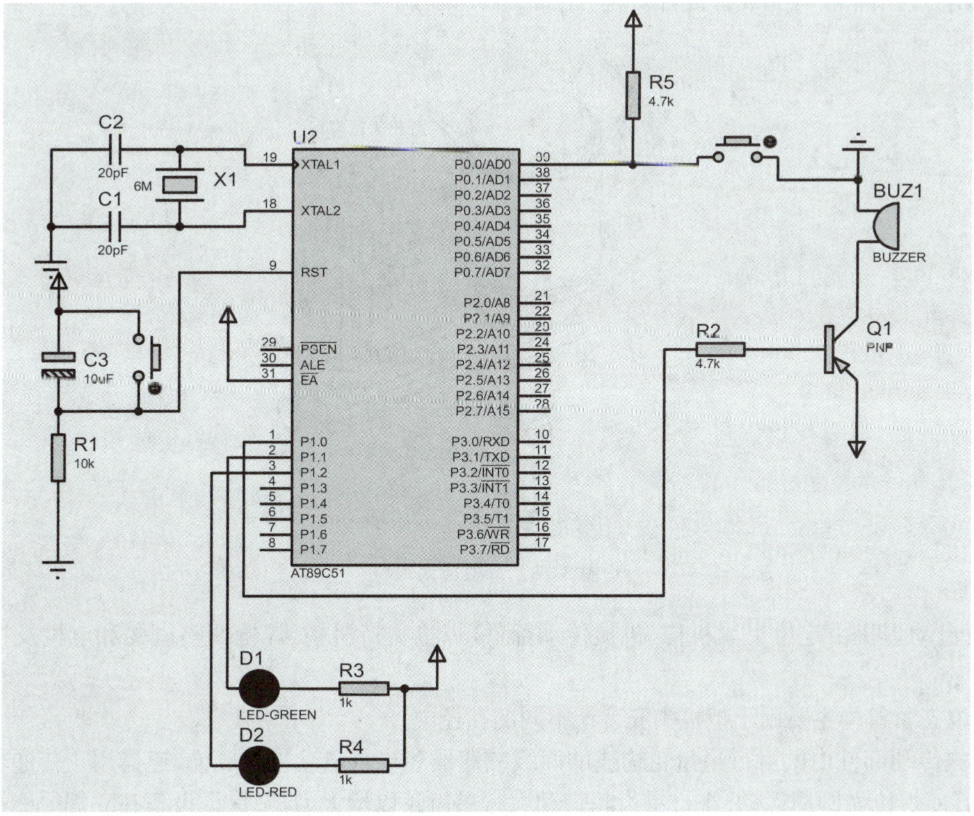

图 3-24　控制器声光报警单片机电路

(6)单击主菜单“File”,再单击“Save as...”,在用户系统中新建文件夹,保存数据源文件,如“E:\Proteus\Led.dsn”。

(7)装载程序,在 Proteus 软件中做好原理图后,将在 KeilC51 软件中编写好的程序装载到 CPU 芯片中,双击 AT89C51,出现如图 3-25 所示对话框。在图 3-25 中单击“ ”出现文件浏览对话框,找到 Keil 自动生成的“led.hex”文件,单击“OK”按钮,完成添加文件,在“Clock Frequency”中把频率改为 12 MHz,单击“OK”按钮退出。

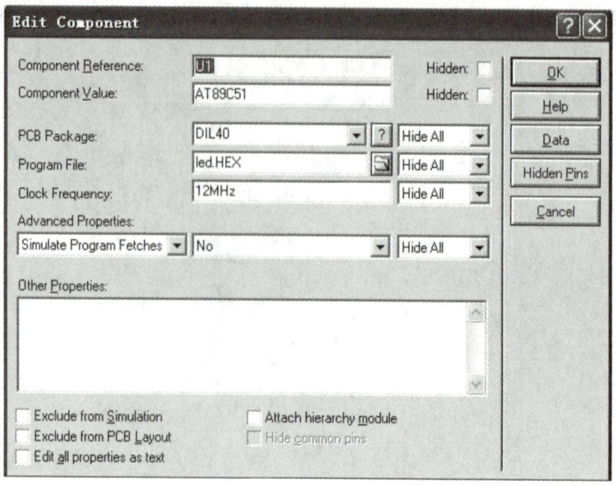

图 3-25　添加 HEX 文件对话框

（8）仿真，单击“”工具条或利用主菜单“Dubeg/Execute”或使用快捷键 F12 均可进行仿真运行。仿真后，原理图器件根据编译输出信息执行，若不出现声光报警操作，就要进行错误排查直到正确为止。

3. 单片机系统应用

【例 3-1】 利用单片机完成管板自动焊机（图 3-26）的控制。

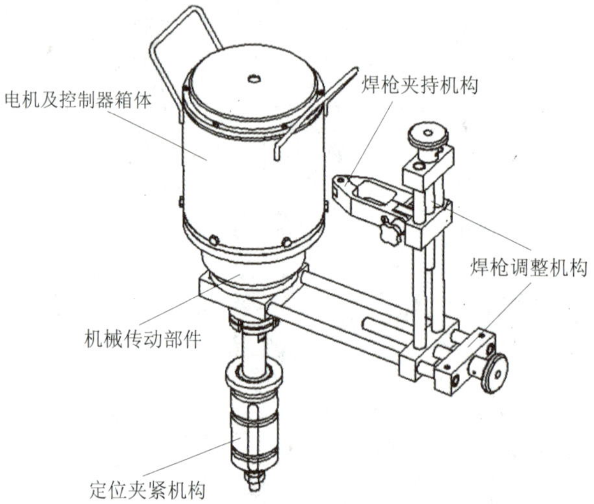

图 3-26　管板自动焊机

该管板自动焊机由定位夹紧机构、机械传动部件、焊枪夹持机构、焊枪调整机构和电机及控制器箱体组成。

（1）定位夹紧机构主要用于把机头安装在不同的孔径中。

（2）机械传动部件由两对行星齿轮构成的两级减速器和步进电动机组成，减速器用于传递步进电动机提供的动能，使焊枪做圆周运动，小行星齿轮带动大行星齿轮以增大力矩，保证设备在立焊时能提供足够大的力矩。

（3）焊枪夹持机构以固定的某一角度把持并夹紧焊枪，保证在焊接过程焊枪稳固不动。

（4）焊枪调整机构用来实现焊枪在竖直和径向两个方向的移动，调整机构通过旋转手轮带动丝杠，使滑块与焊枪夹紧机构一起移动。

（5）电机及控制器箱体内装有步进电动机及其驱动器、单片机控制系统等，箱体表面嵌有按键和数码管显示。

根据工艺要求，控制系统要求完成对焊枪的圆周运动和焊枪起弧与灭弧的控制，可分为硬件部分和软件部分。

根据管板自动焊机的工作要求，本控制系统主要实现如下功能：

（1）焊枪做圆周运动，其旋转角度可调；

（2）焊接方式有连续焊接与间歇焊接两种，其中间歇焊接需要控制焊接时间和停焊时间；

（3）按键要求可启动、暂停与终止管板自动焊机的工作以及设置相关工艺参数；

（4）显示所设置的参数，焊机工作期间显示焊枪旋转角度。

单片机控制系统硬件设计如图 3-27 所示。

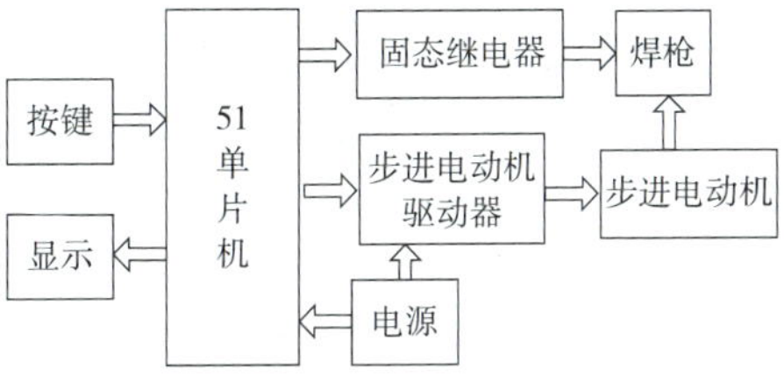

图 3-27 管板自动焊机单片机控制系统硬件设计

单片机控制系统软件设计包括初始化子程序、焊接流程控制子程序、定时中断子程序、按键扫描子程序、数码管显示子程序等，如图 3-28 所示。

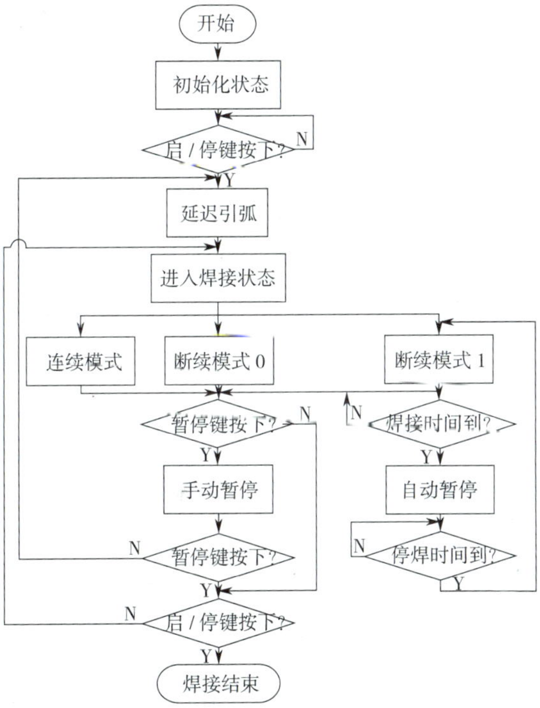

图 3-28 管板自动焊机单片机控制系统软件设计

任务三　DSP 控制技术

一、DSP 发展简介

数字信号处理是以数字运算方法实现信号变换、滤波、检测、估值、调制解调以及快速算法等处理的一门学科。数字信号处理具有高精度、高可靠性、可程序控制、可时分复用、便于集成等优点，其应用领域十分广泛。DSP 是一门涉及多个学科而又广泛应用于多个领域的新兴学科，在通常的实时信号处理中，具有可控、可预见、精度高、稳定性好、可靠性好、可重复性好、易于实现自适应算法、可大规模集成等优点。

数字信号处理系统是数字信号处理研究和应用的系统。在任何实际应用中，首先需要采集原始信号，如果原始信号是连续时间信号，则必须经抽样成为离散信号，再经模数变换成为二进制数字信号。如果采集的原始信号是离散信号，则只需经模数变换成为二进制数字信号。数字信号处理系统的功能是对原始信号抽样变换得到的二进制数字信号按一定的要求（如变换或滤波的要求）进行处理，得到所需要的数字信号输出。然后经过数模变换将数字信号转换为离散信号，再经保持电路将离散信号还原为连续时间信号输出。数字信号处理系统可以用数字计算机及软件构成，也可采用通用数字信号处理器（DSP 芯片）构成，或采用专用信号处理器构成。

DSP 芯片的内部采用程序和数据分开的哈佛结构，具有专门的硬件乘法器，广泛采用流水线操作，提供特殊的 DSP 指令，可以用来快速地实现各种数字信号处理算法。

随着数字信号处理技术的发展以及 DSP 芯片复杂性及速率的提高，许多非常复杂的计算或处理过程均可以在一个 DSP 芯片中得到实时处理，因而在数字程控交换、数字卫星通信、数字移动通信、ISDN、B-ISDN，以至高清晰度数字电视的设备中得到广泛的采用，它已成为现代信息技术、人工智能应用等领域的一项基础性技术。

二、单片机与 DSP 比较

单片机比 DSP 应用范围更广，但是 DSP 比单片机功能更强大。单片机一般用于要求较低的场合，如 4 位、8 位的单片机；DSP 适用于要求较高的场合。DSP 主要面向数字信号处理设计，而单片机主要面向系统控制应用设计。DSP 是单片机的一个分支，它有专门的 FFT 算法，需要的特殊指令、流水线指令处理能以较高的速度进行运算。与单片机相比，DSP 具有较高的集成度，更快的 CPU，更大容量的存储器，且内置波特率发生器和 FIFO 缓冲器，并提供高速同步串口和标准异步串口，有的片内还集成了模数转换和采样/保持电路，可提供 PWM 输出。DSP 采用改进的哈佛结构，具有独立的程序和数据空间，允许同时存取程序和数据，且内置高速的硬件乘法器和增强的多级流水线，使其具有高速的数据运算能力。DSP 比 16 位单片机单指令执行速度快 8~10 倍，完成一次乘加运算速度快 16~30 倍。DSP 还提供了高度专业化的指令集，提高了 FFT 变换和滤波器的运算速度。此外，DSP 提供了 JTAG 接口，具有更先进的开发手段，批量生产测试更方便，开发工具可实现全空间透明仿真，且不占用用户任何资源，软件配有汇编/链接 C 语言编译器、C 语言源码调试器。

1. DSP 芯片的主要特性

为了实现高性能的数字信号处理，一般会采用可编程的 DSP 芯片，DSP 芯片的内部采用程序和数据分开的哈佛结构，具有专门的硬件乘法器，广泛采用流水线操作，提供特殊的 DSP 指令，可以用来快速地实现各种数字信号处理算法。

根据数字信号处理的要求，DSP 芯片一般具有如下特点：

(1)在一个指令周期内可完成一次乘法和一次加法运算;
(2)程序和数据空间分开,可以同时访问指令和数据;
(3)片内具有快速 RAM,通常可以通过独立的数据总线在两块芯片中同时访问;
(4)具有低开销或无开销循环及跳转的硬件支持;
(5)具有快速的中断处理和硬件 I/O 支持;
(6)具有在单周期内操作的多个硬件地址产生器;
(7)可以并行执行多个操作;
(8)支持流水线操作,使取指、译码和执行等操作可以重叠执行。

2. DSP 芯片的分类

DSP 芯片可以按照下列三种方式进行分类。

1)按基础特性分类

按基础特性分类是根据 DSP 芯片的工作时钟和指令类型来分类。如果在某时钟频率范围内的任何时钟频率上, DSP 芯片都能正常工作,除计算速度有变化外,没有性能的下降,这类 DSP 芯片一般称为静态 DSP 芯片,如 TI 公司的 TMS320C2XX 系列芯片即属于这一类。如果有两种或两种以上的 DSP 芯片,它们的指令集和相应的机器代码及管脚结构相互兼容,则这类 DSP 芯片称为一致性 DSP 芯片,如 TI 公司的 TMS320C54X 系列芯片即属于这一类。

2)按数据格式分类

按数据格式分类是根据 DSP 芯片工作的数据格式来分类。数据以定点格式工作的 DSP 芯片称为定点 DSP 芯片,如 TI 公司的 TMS320C1X/C2X、TMS320C2XX/C5X、TMS320C54X/C62XX 系列, AD 公司的 ADSP21XX 系列等。数据以浮点格式工作的 DSP 芯片称为浮点 DSP 芯片,如 TI 公司的 TMS320C3X/C4X/C8X 系列,AD 公司的 ADSP21XXX 系列等。

不同浮点 DSP 芯片所采用的浮点格式不完全一样,有的 DSP 芯片采用自定义的浮点格式,如 TMS320C3X,而有的 DSP 芯片则采用 IEEE 的标准浮点格式,如 Fujitsu 公司的 MB86232 和 Zoran 公司的 ZR35325 等。

3)按用途分类

DSP 按用途可分为通用型 DSP 芯片和专用型 DSP 芯片。通用型 DSP 芯片适合普通的 DSP 运算应用,如 TI 公司的一系列 DSP 芯片属于通用型 DSP 芯片。专用型 DSP 芯片是为特定的 DSP 运算而设计的,更适合特殊的运算,如数字滤波、卷积和 FFT,如 Motorola 公司的 DSP56200 和 Zoran 公司的 ZR34881 等就属于专用型 DSP 芯片。

三、基于 DSP 的数字化焊接电源设计

弧焊电源由主电路与控制电路控制。主电路的任务是实现电能的变换,输送出能够满足需求的电流与电压,它是构成弧焊逆变电源的基础部分。主电路的工作原理为输入三相正弦交流电,整流滤波电路把交流电变为直流电(AC → DC),并输入 IGBT(绝缘栅双极晶体管)逆变电路,通过周期性地控制 IGBT 的开通与关断,把直流电变换为高频的交流电,并输入高频变压器,经高频变压器进行降压,输出电压幅值符合要求的方波交流电,最后进行整流滤波,把高频的交流电变换成直流电供负载使用。

逆变电源系统是一个多变量、非线性、时变的系统。由于传统的数字 PID 控制只有在系统模型为非时变的情况下才能获得理想的效果,并且 P 参数的整定具有一定的局域性,无法从根本上解决动态品质和稳态精度的矛盾;而单一的模糊控制对非线性时变的系统具有一定的适应能力,但其消除系统稳态误差的性能比较差。因此,需要引入一种合适的控制策略,使系统在改善动态品质的同时也提高稳态精度。

在控制核心的选择上,选取 DSP 芯片为控制核心,用 TMS320F28335 芯片产生两路信号,这两路信号

分别经两个隔离驱动控制功率管，当输入直流电压为310~340 V时，输出220 V、50 Hz的交流电压；同时系统实时监控输出电压，并通过电压采样电路实现电压的闭环控制。

1. DSP芯片

TMS320F28335芯片如图3-29所示，它是TI公司的一款TMS320C28X系列浮点DSP控制器。该器件具有精度高，成本低，功耗小，性能高，外设集成度高，数据以及程序存储量大，模数转换更精确快速等特点。

图3-29 TMS320F28335芯片

2. 开发工具及开发环境

TMS320F28335开发工具包括标准的优化C/C++编译/汇编/连接器、CCS集成开发环境、评估板和XDS510仿真器。

CCS集成开发环境是一款功能强大的软件开发工具，专门用于数字信号处理应用程序的开发，具有编辑、汇编、编译、软硬件仿真调试功能。CCS提供了一整套工具链，包括编译器、调试器、仿真器等，可以帮助开发人员高效地进行DSP应用程序的开发、调试和优化。

MathWorks公司和TI公司联合开发了MATLAB Link for CCS Development Tools（CCSLink）和Embedded Target for the TI TMS320C2000 DSP Platform（ETTIC2000），CCSLink提供了MATLAB和CCS的接口，能把MATLAB和TI公司的CCS及目标DSP连接起来。利用此工具可以像操作MATLAB变量一样来操作TI公司的DSP的存储器或寄存器。CCSLink支持CCS能够识别的任何目标板，可用于DSP程序的调试过程。而CCSLink与ETTIC2000的配合使用，可直接由MATLAB的Simulink模型生成TIC2000DSP的可执行代码，能在集成、统一的MATLAB环境下完成DSP的整个开发过程。

3. 控制系统结构

控制系统结构主要包括主电路、数字控制、被控对象（送丝机电路）三部分。主电路部分完成焊接所需要的电能转换和供给；数字控制部分由单片机系统、DSP系统组成，这两个系统主要完成焊接过程的管理、参数显示、参数设置和对所采集焊接参数的计算以及实现控制策略。

控制电路的主要任务是控制主电路完成逆袭，包括过流过压保护、焊接参数预置与显示、PWM脉冲信号产生与故障处理等。通过采集弧焊电源的输出量，再经过霍尔传感器送到DSP，反馈量和给定量相比较得出的偏差在DSP中进行相关的运算与处理，形成占空比连续可调的PWM脉冲，然后把PWM脉冲输入驱动电路，控制IGBT的导通与关断，实现逆变焊机的闭环控制。基于DSP的逆变弧焊电源系统结构框图如图3-30所示。

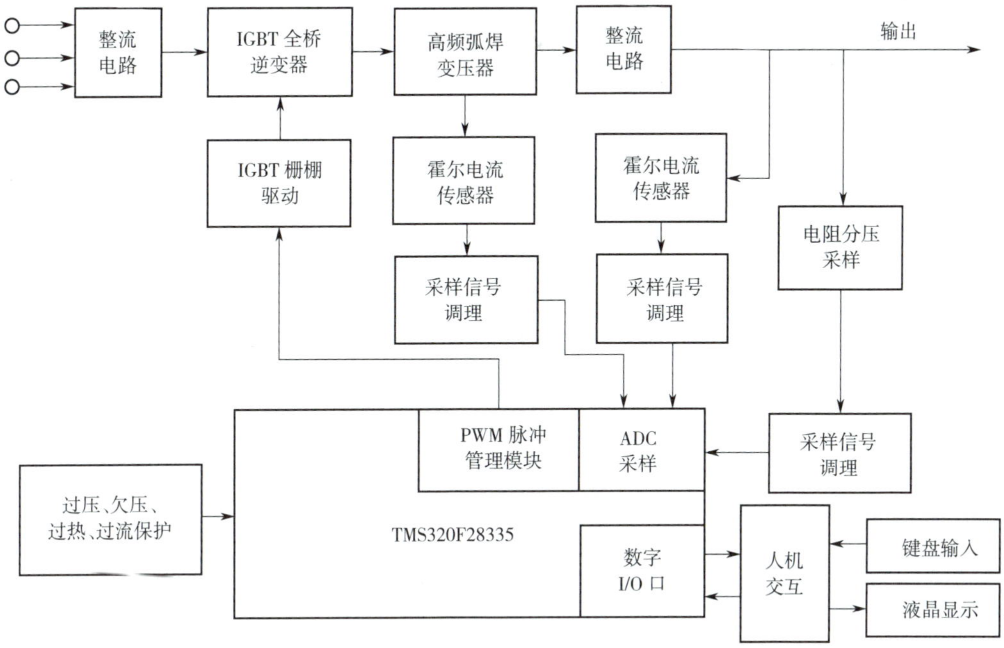

图 3-30 基于 DSP 的逆变弧焊电源系统结构框图

控制系统主要具有如下功能：

(1)能够实现焊接参数的设置，还能够实时显示焊接过程中的焊接参数；

(2)在焊接过程中能够实时准确无误地判断出焊接状态，实时调整 PWM 信号输出，以满足焊接特性；

(3)能够实时对焊接过程中的故障信息做出判断，并发出报警信号。

四、全数字焊机

全数字焊机是由 DSP、ARM 等嵌入式微处理器控制的焊机，无论是用户操作界面还是其核心控制电路即电流调节和 PWM 信号产生都是由微处理器直接完成的。很多数字化焊机只是实现了用户操作界面的数字化，核心控制部分还是由模拟电路来实现的，这部分焊机不是全数字焊机，其性能无法与全数字焊机相比。

数字化焊机的功能是依靠软件来实现的，要增加焊机功能只需改变其软件即可，各功能模块相互独立，增加新功能完全不影响原有功能和性能，所以数字化焊机功能丰富。数字化焊机具有药皮手工焊、直流氩弧焊、脉冲氩弧焊、氩弧点焊、气体保护焊(CO_2、MIG、MAG)、脉冲气体保护焊、双脉冲气体保护焊等多种焊接方式。每种功能都具有很多可调参数，用户既可以采用系统默认的参数非常方便地设置焊机，也可以根据不同的焊接要求精细地调整焊机，以使之达到最佳焊接效果。

数字化焊机采用高速 DSP 控制，能够及时发现和纠正主变偏磁，可有效避免焊机因主变偏磁而损坏，大大提高其可靠性，并具备欠压、过压及过热保护功能；IGBT 与风道隔离，可避免淋雨、灰尘等损坏焊机。

随着计算机技术和自动化技术的发展，越来越多的企业要求其各类设备能连接成一个网络，并能集中监测和控制，从而实现自动化作业。焊接领域利用机器人替代人工焊接的趋势发展得很快，这种应用场合只有数字化焊机才可能胜任。

任务四　PLC 控制技术

一、可编程控制器的概述

1987 年 2 月，国际电工委员会（IEC）对可编程控制器（PLC）的定义如下：可编程控制器是一种数字运算操作的电子系统，它是专为在工业环境下应用而设计的。PLC 采用一类可编程的存储器，用于存储程序和执行逻辑运算、顺序控制、定时、计数和算术操作等面向用户的指令，并通过数字式或模拟式输入/输出，控制各种类型的机械或生产过程。

PLC 及其有关外部设备都按易于与工业控制系统连成一个整体、易于扩充功能的原则设计。

二、PLC 的基本结构及其工作原理

1. PLC 的基本结构

在工业自动控制中使用的 PLC 的种类很多，不同类型的 PLC 各有特点，但 PLC 在组成、工作原理及编程方法等许多方面是基本相同的。

PLC 是以微处理器为基础，综合计算机技术、自动控制技术和通信技术而发展起来的一种新型、通用的自动控制装置，其硬件组成与微型计算机相似。PLC 控制系统框图如图 3-31 所示。

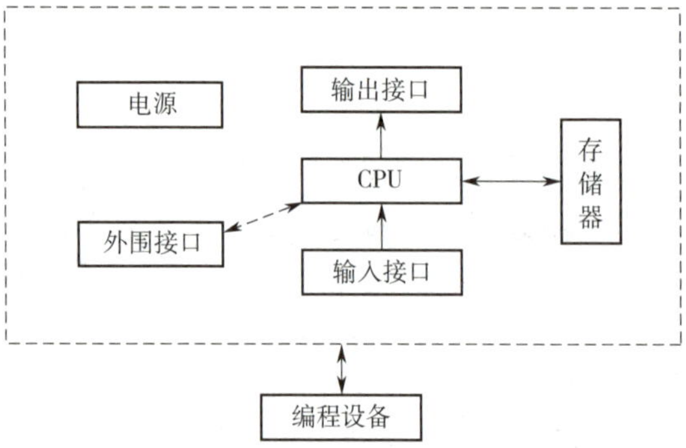

图 3-31　PLC 控制系统框图

1）CPU

CPU 是整个 PLC 控制系统的核心部件，主要由运算器、控制器、寄存器及实现它们之间联系的地址总线、数据总线和控制总线构成，还包括外围芯片、总线接口及有关电路。

作为 PLC 控制系统的核心，CPU 的功能主要如下：

（1）CPU 接收从编程器或计算机输入的程序和数据，并送入用户程序存储器中存储；

（2）监视电源、PLC 内部各个单元电路的工作状态；

（3）诊断编程过程中的语法错误，对用户程序进行编译；

（4）在 PLC 进入运行状态后，从用户程序存储器中逐条读取指令，并分析、执行该指令；

（5）采集由现场输入装置送来的数据，并存入指定的寄存器中；

（6）按程序进行处理，根据运算结果，更新有关标志位的状态和输出状态或数据寄存器的内容；

（7）根据输出状态或数据寄存器的有关内容，将结果送到输出接口；

（8）响应中断和各种外围设备（如编程器、打印机等）的任务处理请求。

2）存储器

PLC 控制系统的内部存储器可分为系统程序存储器、用户程序及数据存储器。系统程序存储器用于存放系统工作程序（或监控程序）和调用管理程序以及各种系统参数等。系统程序相当于 PLC 的操作系统，能够完成 PLC 设计者规定的各种工作。系统程序由 PLC 生产厂家设计并固化在 ROM（只读存储器）中，用户不能读取。用户程序及数据存储器主要存放用户编辑的应用程序及各种暂存数据和中间结果，使 PLC 可以完成用户要求的特定功能。

3）输入/输出模块

输入模块和输出模块简称为 I/O 模块，它们是联系外部设备与 CPU 的桥梁。

Ⅰ. 输入模块

输入模块一般由输入接口、光耦合器、PLC 内部电路输入接口和驱动电源等组成。输入模块可以用来接收和采集两种类型的输入信号：一种是由按钮、选择开关、数字拨码开关、限位开关、接近开关、光电开关、压力继电器或速度继电器等提供的开关量（或数字量）输入信号；另一种是由电位器、热电偶、测速发电机或各种变送器等提供的连续变化的模拟信号。各种 PLC 输入电路结构大都相同，其输入方式有两种：一种是直流输入（DC12 V 或 24 V），其外部输入器件可以是无源触点，如按钮、行程开关等，也可以是有源器件，如各类传感器、接近开关、光电开关等，在 PLC 内部电源容量允许的前提下，有源输入器件可以采用 PLC 输出电源，否则必须外接电源；另一种是交流输入（AC100~120 V 或 AC200 ~240 V），当输入信号为模拟量时，信号必须经过专用的模拟器输入模块进行 A/D 转换，然后通过输入电路进入 PLC，输入信号通过输入端子经 *RC* 滤波、光隔离进入内部电路。

Ⅱ. 输出模块

数字量输出模块用来控制接触器、电磁阀、电磁铁、指示灯、数字显示装置和报警装置等。为适应不同负载的需要，各类 PLC 的数字量输出都有三种方式，即继电器输出、晶体管输出、晶闸管输出。继电器输出方式最常用，适用于交、直流负载，其特点是带负载能力强，但动作频率与响应速度慢；晶体管输出适用于直流负载，其特点是动作频率高、响应速度快，但带负载能力小；晶闸管输出适用于交流负载，其特点是响应速度快，但带负载能力不大。

模拟量输出模块用来控制调节阀、变频器等执行装置。

输入/输出模块除传递信号外，还具有电平转换与隔离的作用。此外，输入/输出点的通断状态由发光二极管显示，外部接线一般接在模块面板的接线端子上，或使用可拆卸的插座型端子板，不需要断开端子板上的外部连线即可迅速地更换模块。

4）编程设备

编程设备采用安装有丁门子 TIA 博途编程软件的计算机，并且计算机与 PLC 通过通信电缆连接，这种方式可以在线观察梯形图中触点和线圈的通断情况及运行时 PLC 内部的各种参数，便于程序调试和故障查找。程序编译后下载到 PLC，也可将 PLC 中的程序上传到计算机。程序可以存盘或打印，通过网络还可以实现远程编程和传送。

5）电源

PLC 控制系统使用 220 V 交流电源或 24 V 直流电源。其内部的开关电源为各种模块提供 5 V、±12 V、24 V 等直流电源。小型 PLC 一般都可以为输入电路和外部的电子传感器（如接近开关等）提供 24 V 直流电源。驱动 PLC 负载的直流电源一般由用户提供。

6）外围接口

通过各种外围接口，PLC 可以与编程器、计算机、变频器、EEPROM 写入器和打印机等连接，总线扩展接口可以用来扩展 I/O 模块和智能模块等。

2. PLC 的工作原理

PLC 采用循环执行用户程序的方式，称为循环扫描工作方式。当 PLC 控制器投入运行后，其工作过程一般可分为三个阶段，即输入采样、用户程序执行和输出刷新，如图 3-32 所示。PLC 完成上述三个阶段称作完成一个扫描周期。在整个运行期间,PLC 控制器的 CPU 以一定的扫描速度重复执行上述三个阶段。

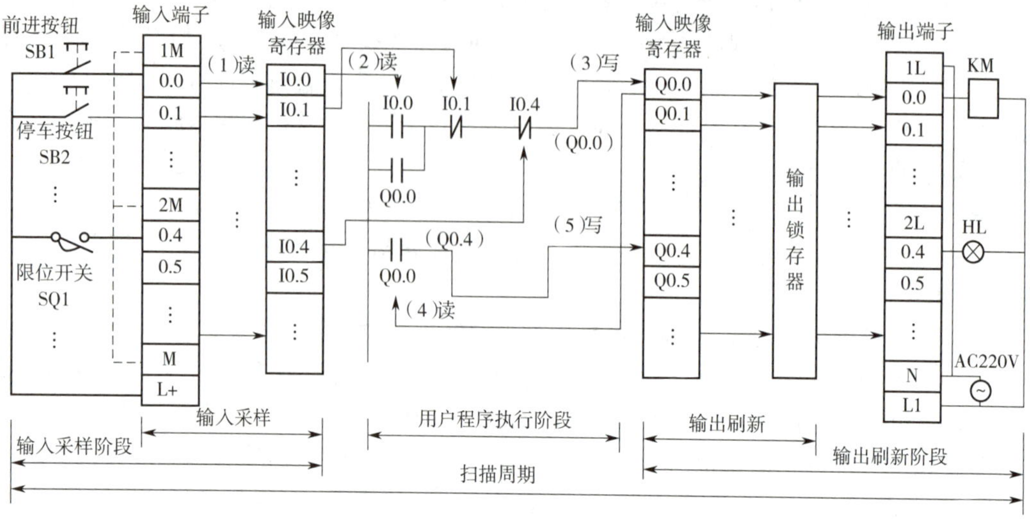

图 3-32　PLC 扫描过程示意图

1)输入采样阶段

在输入采样阶段，PLC 控制器以扫描方式依次读入所有输入状态和数据,并将它们存入 I/O 映像区中的相应单元内。输入采样结束后,转入用户程序执行和输出刷新阶段。在这两个阶段中,即使输入状态和数据发生变化，I/O 映像区中的相应单元的状态和数据也不会改变。因此,如果输入是脉冲信号,则该脉冲信号的宽度必须大于一个扫描周期,才能保证在任何情况下该输入均能被读入。

2)用户程序执行阶段

在用户程序执行阶段,PLC 控制器总是按由上而下的顺序依次扫描用户程序(梯形图)。在扫描每一条梯形图时,又总是先扫描梯形图左边的由各触点构成的控制线路,并按先左后右、先上后下的顺序对由触点构成的控制线路进行逻辑运算,然后根据逻辑运算的结果,刷新该逻辑线圈在系统 RAM 存储区中对应位的状态,或者刷新该输出线圈在 I/O 映像区中对应位的状态,或者确定是否要执行该梯形图所规定的特殊功能指令。

在用户程序执行过程中,只有输入点在 I/O 映像区内的状态和数据不会发生变化,而其他输出点和软设备在 I/O 映像区或系统 RAM 存储区内的状态和数据都有可能发生变化,而且排在上面的梯形图,其程序执行结果会对排在下面的凡是用到这些线圈或数据的梯形图起作用;相反,排在下面的梯形图,其被刷新的逻辑线圈的状态或数据只能到下一个扫描周期才能对排在其上面的程序起作用。

3)输出刷新阶段

当扫描用户程序结束后，PLC 控制器就进入输出刷新阶段。在此期间，CPU 按照 I/O 映像区内对应的状态和数据刷新所有的输出锁存电路,再经输出电路驱动相应的外设,这时才是 PLC 控制器的真正输出。

同样的若干条梯形图,其排列次序不同,执行的结果也不同。另外,采用扫描用户程序的运行结果与继电器控制装置的硬逻辑并行运行的结果有所区别。当然,如果扫描周期所占用的时间对整个运行来说可以忽略,那么两者之间就没有什么区别了。

一般来说，PLC 控制器的扫描周期还包括自诊断、通信等,即一个扫描周期等于自诊断、通信、输入采样、用户程序执行、输出刷新等所有时间的总和。

三、S7-1200 PLC 硬件结构

S7-1200PLC 主要由 CPU 模板(简称 CPU)、信号板、信号模块.通信模块等硬件结构组成(图 3-33),各种模块安装在标准 DIN 导轨上。S7-1200PLC 的硬件组成具有高度的灵活性,用户可以根据自身需求确定

PLC 的结构，系统扩展十分方便。

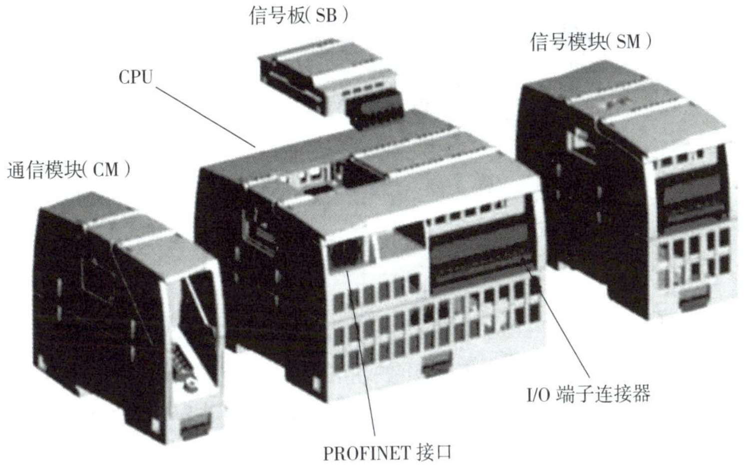

图 3-33 S7-1200 PLC 的硬件组成

1.CPU 模块

S7-1200PLC 的 CPU 模块将微处理器、电源、数字量输入/输出电路、模拟量输入/输出电路、PROFINET 以太网接口、高速运动控制功能组合到一个设计紧凑的外壳中。每块 CPU 内可以安装一块信号板，信号板安装以后不会改变 CPU 的外形和体积。

其中，微处理器相当于人的大脑，它不断地采集输入信号，执行用户程序，刷新系统的输出；存储器用来存储程序和数据；PROFINET 接口用于与编程计算机、HMI(人机界面)、其他 PLC 或其他设备通信，此外它还通过开放的以太网协议支持与第三方设备的通信。

2. 信号板

通过信号板(SB)可以给 CPU 增加 I/O 接口。信号板连接在 CPU 的前端，一个 CPU 具有 4 个数字量 I/O(2 个直流输入和 2 个直流输出)的信号板和 1 个模拟量输出的信号板。图 3-34 所示为信号板示意图。

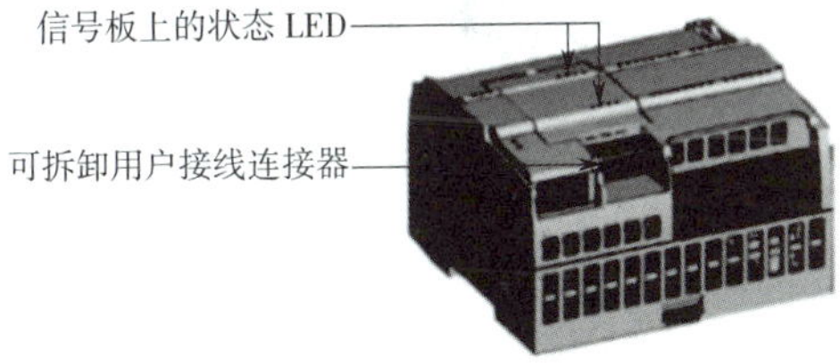

图 3-34 信号板(SB)

3. 信号模块

输入模块和输出模块简称为 I/O 模块，数字量(又称开关量)输入模块和数字量输出模块分别简称为 DI 模块和 DQ 模块，模拟量输入模块和模拟量输出模块分别简称为 AI 模块和 AQ 模块，它们统称为信号模块(SM)，如图 3-35 所示。

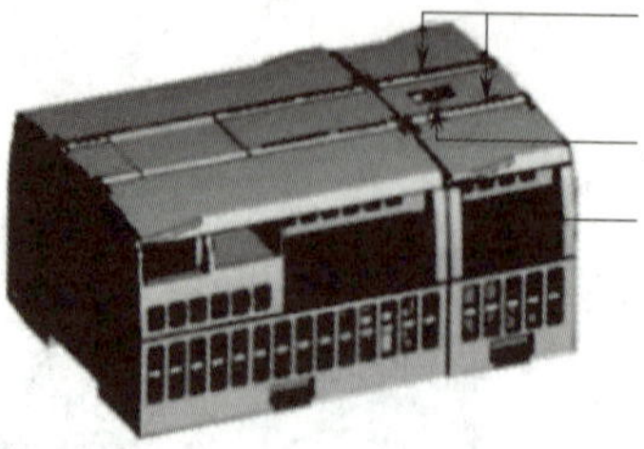

图 3-35　信号模块（SM）

信号模块安装在 CPU 模块的右边，扩展能力最强的 CPU 可以扩展 8 个信号模块，以增加数字量和模拟输入点和输出点。

信号模块是联系外部现场设备和 CPU 的桥梁。输入模块用来接收和采集输入信号，数字量输入模块用来接收从按钮、选择开关、数字拨号开关、限位开关、接近开关、光电开关、压力继电器等传送来的数字量输入信号；模拟量输入模块用来接收电位器、测速发电机和各种变送器提供的变化的模拟量输入信号（如电流、电压信号），或者直接接收热电阻、热电偶提供的温度信号。

数字量输出模块用来控制接触器、电磁阀、电磁铁指示灯、数字显示装置和报警装置等输出设备；模拟量输出模块用来控制电动机调节阀、变频器等执行器。

CPU 模块内部的工作电压一般是 DC5 V，而 PLC 的外部输入/输出信号电压一般较高，如 DC24 V 或 AC220 V。从外部引入的尖峰电压和干扰噪声可能损坏 CPU 中的元器件，或者使 PLC 不能正常工作。在信号模块中，用光耦合器、光敏晶闸管、小型继电器等器件来隔离 PLC 的内部电路和外部的输入/输出电路。信号模块除传递信号外，还有电平转换与隔离的作用。

4. 通信模块

通信模块（CM）安装在 CPU 模块的左边，最多可以添加 3 个通信模块，可以使用点对点通信模块、PROFIBUS 通信模块、工业远程通信模块、AS-i 接口通信模块和 IO-Link 通信模块，如图 3-36 所示。

图 3-36　通信模块（CM）

5.SIMATIC HMI 精简系列面板

与 S7-1200PLC 配套的第二代精简面板的 65 500 色高分辨率宽屏显示器的尺寸有 4.3 in、7 in、9 in 和 12 in（1 in=0.025 4 m）等 4 种，支持垂直安装，采用 TIA 博途中的 WinCC 组态。它们有一个 RS-422/RS-485 接口或一个 RJ45 以太网接口，还有一个 USB 接口可连接键盘、鼠标或条形码扫描仪，可用 U 盘实现数据记录。

6. 编程软件

TIA 是 Totally Integrated Automation（全集成自动化）的简称，TIA 博途（TIA Portal）是西门子自动化的全新工程设计软件平台。S7-1200PLC 采用 TIA 博途中的 STEP7 Basic（基本版）或 STEP7 Professional（专业版）编程。

四、TIA 博途软件使用

从工作任务入手，通过对 TIA Portal V16 软件的使用和电动机的启动、保护及停止控制任务的设计，让用户从直观到抽象逐渐理解 PLC 的概念以及 PLC 的工作原理，熟悉 TIA 博途软件的使用。

1. 目的与要求

TIA 博途软件是西门子公司开发的高度集成的工程组态软件，掌握这一软件的使用方法对于掌握西门子 PLC 控制系统的设计十分重要。

下面介绍如何用 TIA 博途软件设计电动机的启动、保护和停止电路。

2. 操作步骤

1）启动 TIA Portal V16 软件

从桌面上直接双击 TIA 博途软件安装后的图标，即可启动该软件，打开如图 3-37 所示的窗口。

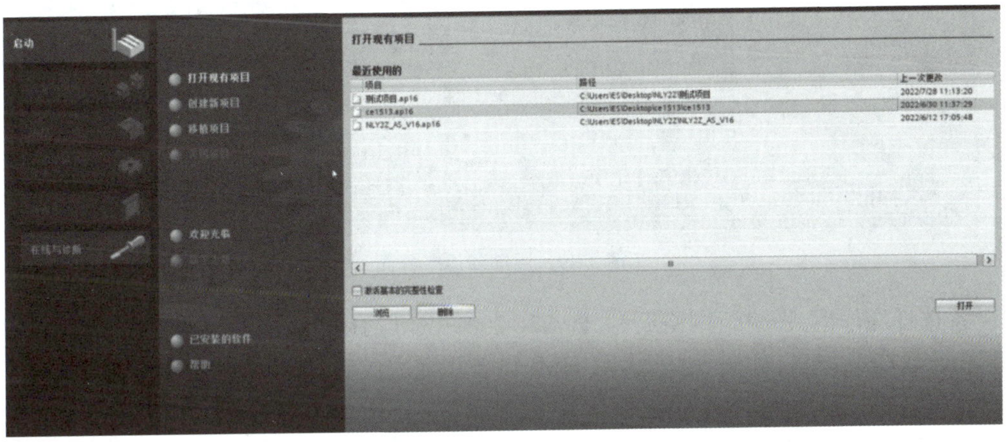

图 3-37　TIA Portal V16 启动窗口

TIA 博途软件内部集成了 WinCC Flexible Basic，提供了通用的工程组态框架，可以用来对 S7-1200 PLC 和精简系列面板进行高效组态。通过一个小的控制任务让读者学会 TIA 博途软件的使用是进行 S7-1200 PLC 控制系统学习的第一步。

2）创建新项目

在图 3-37 所示的工作窗口中，单击“创建新项目”，填写项目名称为“电动机启保停电路设计”，路径和作者不做修改，单击“创建”按钮后，出现如图 3-38 所示对话框，至此一个新的项目创建完毕。

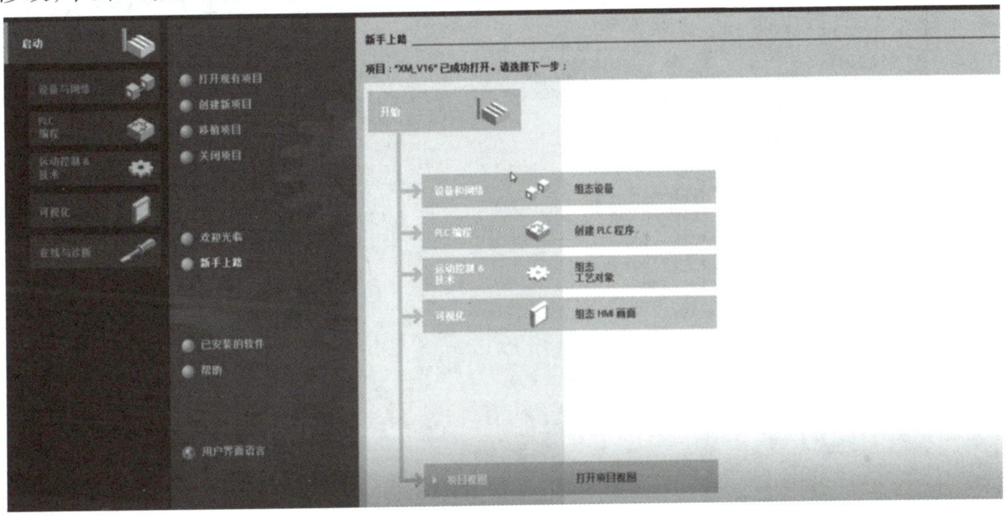

图 3-38　创建新项目

3）组态硬件设备及网络

在图 3-38 所示的工作窗口中，单击“设备与网络”选项中的“组态设备”，再单击“添加新设备”，出现新设备选择窗口；然后单击“控制器”下的“SIMATIC S7-1200”，出现 CPU 选择窗口，单击 CPU 前面的三角符号，再单击“CPU 1214 CDC/DC/DC”，并单击单击供货号“6ES7 214-1AG40-0XB0”，最后单击右下角“添加”按钮，此时一个 CPU 设备选择完毕，如图 3-39 所示。

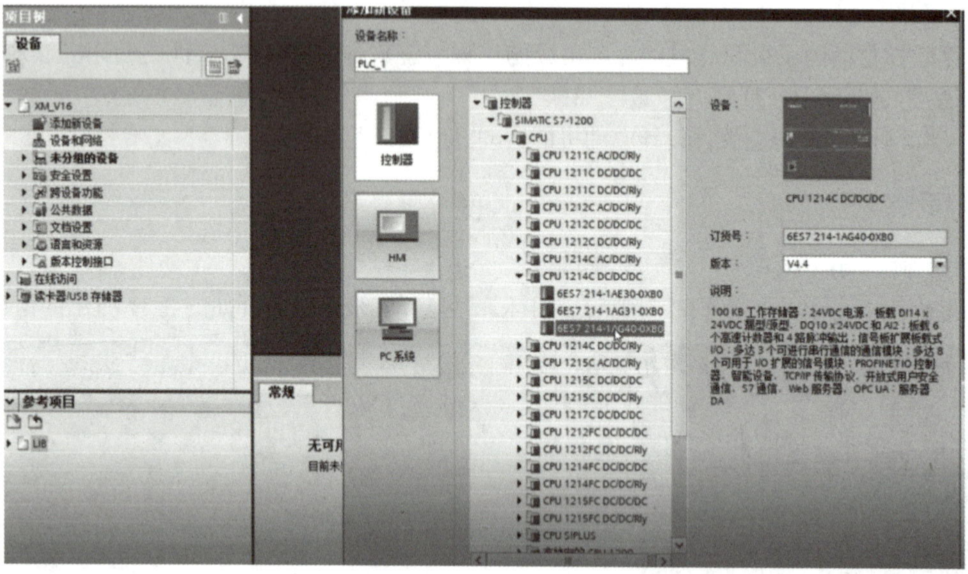

图 3-39　添加新设备界面

CPU 设备选择完毕后，即进行网络组态，即 S7-1200 PLC 与 HMI 联网的组态。在新设备选择窗口中，单击“HMI”，添加 HMI 设备，如图 3-40 所示；HMI 设备添加完成后，选择“组态网络”项，则进入项目视图的网络视图界面，如图 3-41 所示。

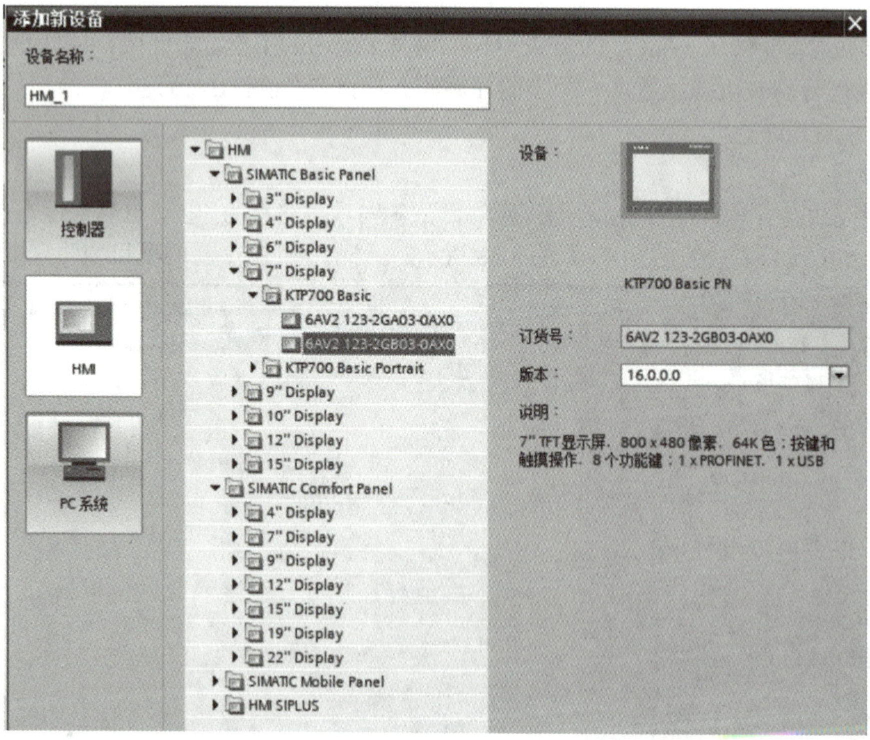

图 3-40　添加 HMI 界面

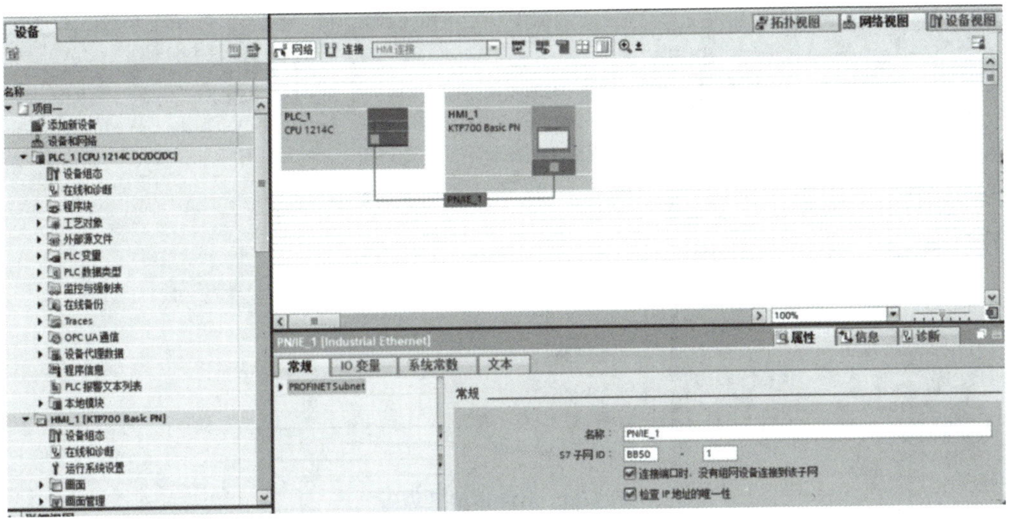

图 3-41　网络视图界面

单击网络视图界面中呈现绿色的“CPU1214C 的 PROFINET 网络接口”，按住鼠标左键拖动至右边呈现绿色的“KTP700 Basic PN 的 PROFINET 网络接口”，这样两者的 PROFINET 网络实现连接，可以通网络属性对话框修改网络名称。

在项目视图中，打开左侧项目树下“PLC_1[CPU 1214C DC/DC/DC]”项，双击“设备组态”项，打开“设备视图”，如图 3-42 所示。从右侧“硬件目录”中选择“AI/AQ → AI 4 x13BIT/AQ 2x14BIT”下对应订货号的设备，并拖动至 CPU 右侧的第 2 槽；采用同样方法，分别拖动通信模块 CM1241（RS485）和 CM1241（RS232）到 CPU 左侧的第 101 槽和第 102 槽。至此，S7-1200 PLC 的硬件设备就组态完毕了。

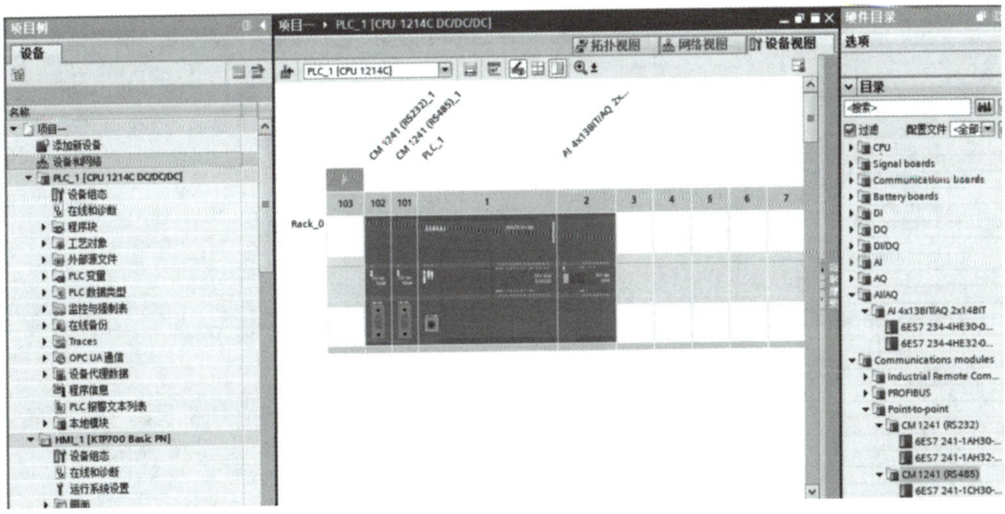

图 3-42　设备视图

4）PLC 编程

在项目视图中，单击左侧项目树下“程序块”左侧的三角符号，再单击“Main [OB1]”，打开程序块编辑界面，如图 3-43 所示。拖动编辑区工具栏上的一个常开触点“”、一个常闭触点“”和一个输出线圈“”到程序段 1，则在输入地址 I0.0、I0.1 和 Q0.0 下出现系统自动分配的符号名称，可以进行修改，此处不修改。拖动常开触点到 I0.0 所在触点的下方，单击编辑区工具栏上的关闭分支“”按钮或者用鼠标直接向上拖动，即得到完整的梯形图，输入地址 Q0.0。

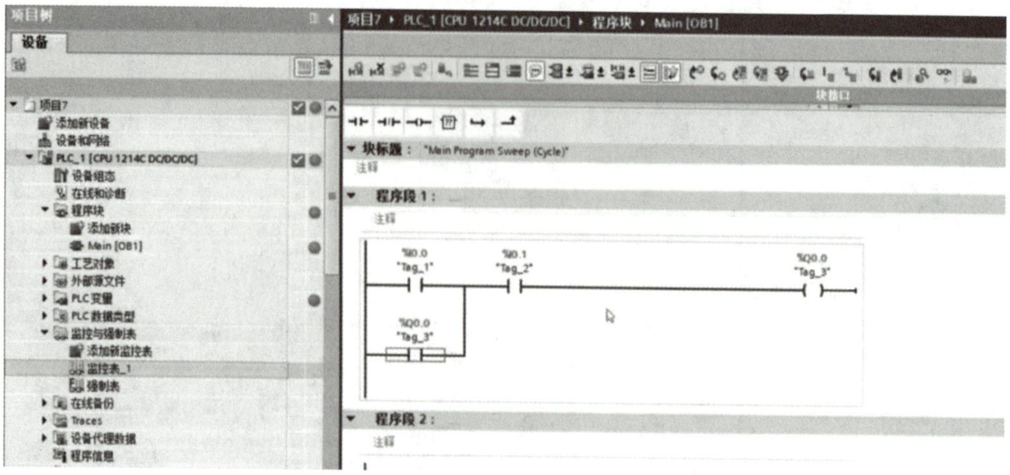

图 3-43　程序块编辑界面

上面的常开、常闭触点以及输出线圈等也可以从右侧项目树中的“基本指令”→“位逻辑运算”项中选择，更多的指令可以根据需要从指令树中选择。

5）组态可视化

下面仅介绍项目在面板画面上组态一个 I/O 域，当按下按钮 I0.0，Q0.0 亮时，面板上的 I/O 域显示“1”，否则显示“0”。在项目视图的项目树中双击 HMI 设备下的“HMI 变量”可打开 HMI 变量组态界面，双击“名称”栏下的“添加新对象”，将要添加的 HMI 变量名称修改为“指示灯”，在属性对话框的“常规-设置”项下单击“PLC 变量”编辑框右侧的“...”按钮选择“PLC 变量”下的地址 Q0.0，则属性对话框中“常规-连接”项中出现系统自动建立的新连接“HMI-连接_1”，可以修改其名称，此处不修改，如图 3-44 所示。

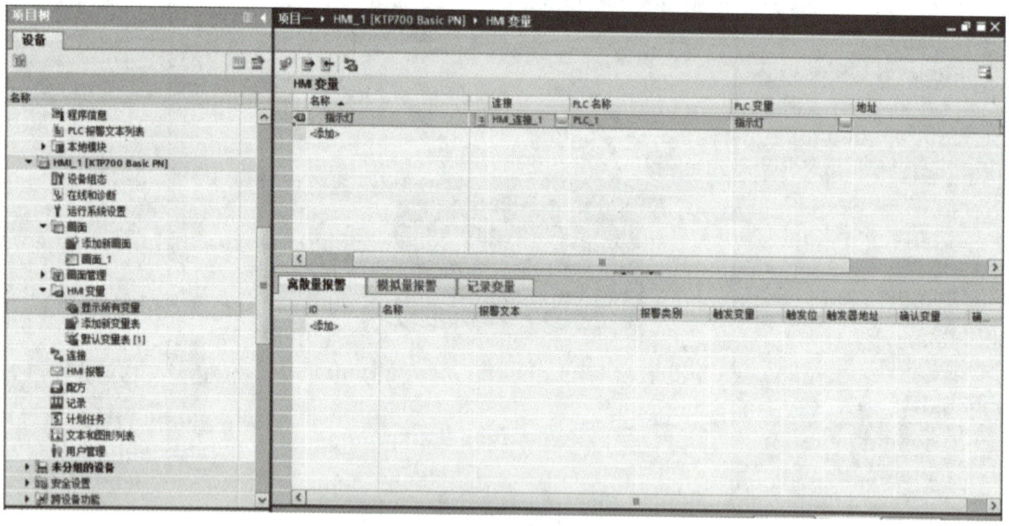

图 3-44　HMI 变量组态界面

在项目视图的项目树中双击 HMI 设备下的“画面”，再单击“画面_1”，可打开画面编辑界面，拖动右侧“工具箱”下“元素”中的 I/O 域图标“0.12”到画面中，在 I/O 域的属性对话框中的“常规-过程”项下单击“变量”编辑框右侧的“...”按钮，依次添加“HMI 变量”→“指示灯”，则属性对话框中的“显示格式”自动根据变量的类型更改为“二进制”，如图 3-45 所示。

至此，一个简单的 PLC SCADA 项目就组态完成了，单击工具栏中的“保存项目”按钮，保存好编辑的项目即可。

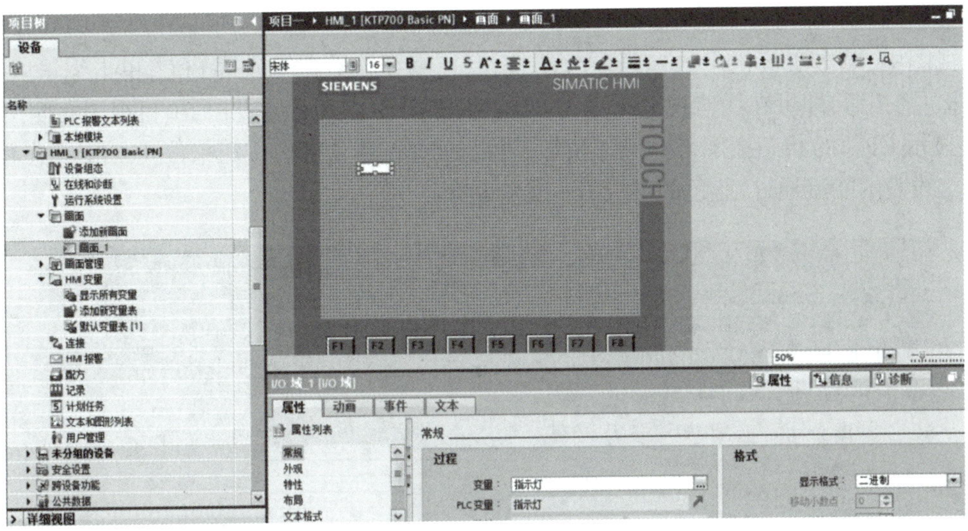

图 3-45 画面编辑界面

6)下载项目

首先,下载 PLC 项目程序。在项目视图中,打开左侧项目树下"PLC1[CPU 1214C DC/DC/DC]"项,单击工具栏中的下载图标,打开"扩展下载到设备"对话框,如图 3-46 所示。此处选择"显示所有可访问设备",这时若已将编程计算机和 PLC 连接好,就会显示当前网络中所有可访问的设备。选中目标 PLC,单击"下载"按钮,即可将项目下载到 S7-1200 PLC 中。

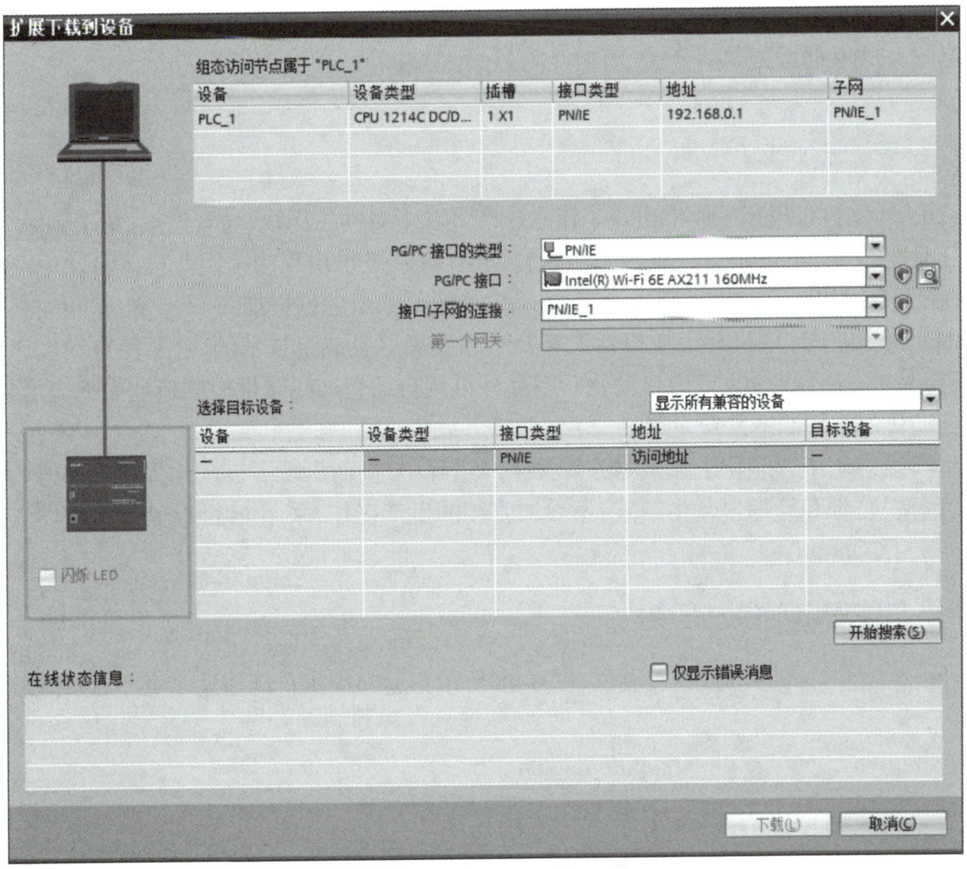

图 3-46 "扩展下载到设备"对话框

然后,下载 HMI 程序。在项目视图中,打开左侧项目树下"HMI-1[KTP700 Basic PN]"项,单击工具栏中的下载图标,即可将 HMI 项目下载到面板中。

7）运行调试项目

在项目视图中，单击工具栏中的“转到在线”按钮，使编程软件在线连接 PLC，单击编辑区工具栏中的“启用/禁用监视”按钮，即可在线监视 PLC 程序的运行，如图 3-47 所示。此时，项目视图右侧出现“CPU 操作员面板”，显示 CPU 的状态指示灯和操作按钮，可以通过单击“停止”按钮来停止 CPU。在程序段中，默认用绿色的实线表示能流通过，蓝色的虚线表示能流断开。

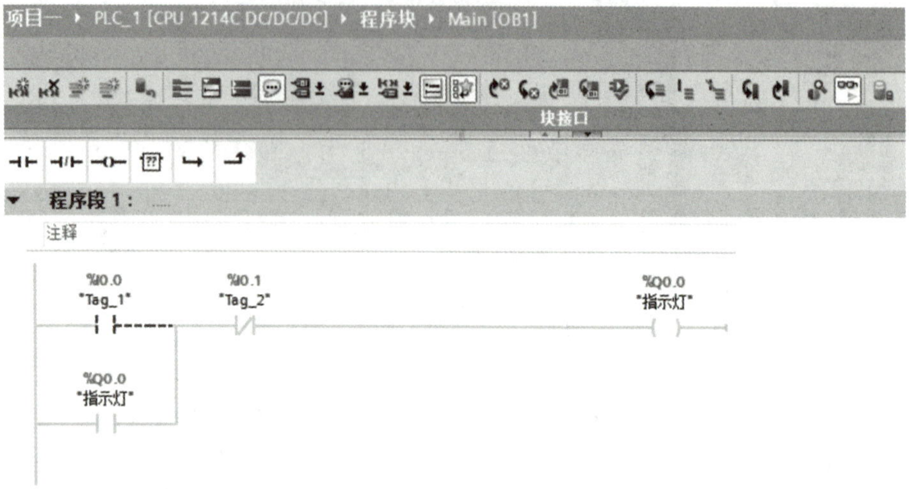

图 3-47　在线监视程序的运行

五、PLC 控制技术在焊接自动化中的应用

1. 自动化焊接生产线

20 世纪 20 年代前，在汽车工业中出现了流水生产线和半自动生产线，随着汽车、滚动轴承、小型电动机和缝纫机等工业的发展，机械制造领域开始出现自动生产线，最早出现的是组合机床自动生产线。第二次世界大战后，在工业发达国家的机械制造业中，自动生产线的数目急剧增加。

数字控制机床、电子计算机和工业机器人等技术的发展以及成组技术的应用，使自动生产线的灵活性更大，可实现多品种、中小批量生产的自动化。多品种可调自动生产线在机械制造业中的应用越来越广泛，并向更高度自动化的柔性制造系统发展。

将自动生产线应用于智能化工业机器人焊接生产过程中，进而出现了自动化焊接生产线。在该生产线中，工人负责调整、监督和管理自动生产线，不参加直接的生产操作，采用 PLC 控制焊接机器人按统一的节拍运转。

2. 运料小车往返自动控制任务

要求设计一个运料小车自动往返控制器，图 3-48 所示为运料小车自动往返示意图，具体设计要求如下。

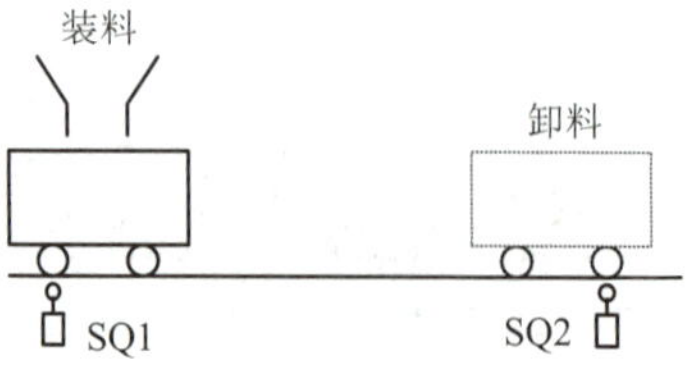

图 3-48　运料小车自动往返示意图

（1）设计运料小车自动控制电路程序，自动运行状态如下：SA 闭合，要求系统启动后首先在原位进行装

料，15 s 后装料停止，小车右行；小车右行至行程开关 SQ2 处则停止，并进行卸料，10 s 后卸料停止，小车左行；小车左行至行程开关 SQ1 处则停止，并进行装料，如此循环一直进行下去。在运行过程中，无论小车在任意位置，按下停止按钮，小车即立即停止运行。

（2）检修状态：当 SA 断开时，小车只能手动控制，①按点动进时，小车点动前进，小车接通前进电机，前进行程开关 SQ2 时小车停止；②按点动退时，小车点动后退，小车接通后退电机，退至行程开关 SQ1 时小车停车。

1）硬件设计

根据控制要求，运料小车启动按钮 SB1 接 I0.0，停止按钮 SB2 接 I0.1，左侧行程开关 SQ1 接 I0.2，右侧行程开关 SQ2 接 I0.3，自动/手动选择开关 SA 接 I1.0，手动前进按钮接 I0.6，手动后退按钮接 I0.7，装料电磁阀 YV1 接 Q0.0，右行线圈 KM1 接 Q0.1，卸料电磁阀 YV2 接 Q0.2，左行线圈 KM2 接 Q0.3，输入/输出地址分配见表 3-2。

表 3-2　输入/输出地址分配表

输入/输出	元器件	地址
输入	启动按钮 SB1	I0.0
	停止按钮 SB2	I0.1
	左侧行程开关 SQ1	I0.2
	右侧行程开关 SQ2	I0.3
	自动/手动选择开关 SA	I1.0
	手动前进按钮	I0.6
	手动后退按钮	I0.7
输出	装料电磁阀 YV1	Q0.0
	右行线圈 KM1	Q0.1
	卸料电磁阀 YV2	Q0.2
	左行线圈 KM2	Q0.3

运料小车自动控制电路接线图如图 3-49 所示。

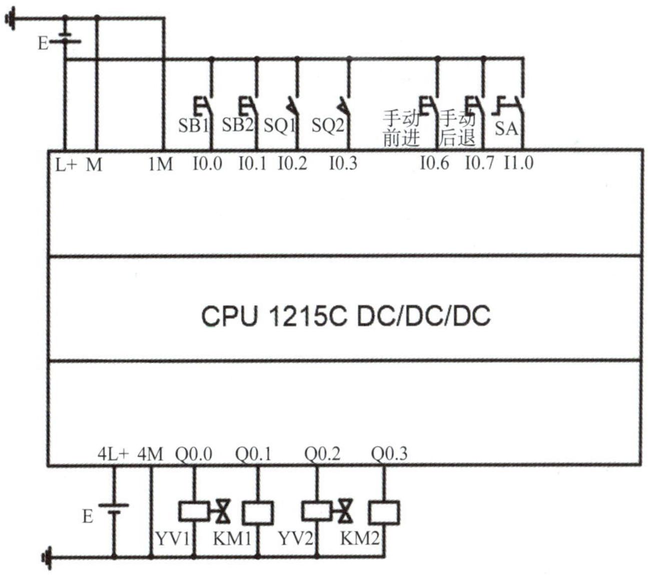

图 3-49　运料小车自动控制电路接线图

2）软件设计

Ⅰ. 系统存储器的设置

打开 PLC 的设备视图并选择“属性”，单击巡视窗口左边的“系统和时钟存储器”，勾选“允许使用系统存储器字节”复选框，选择“MB10”作为系统存储器字节的地址，其中的首次循环位 M10.0 为 1，通常作为程序中的初始化位使用，如图 3-50 所示。

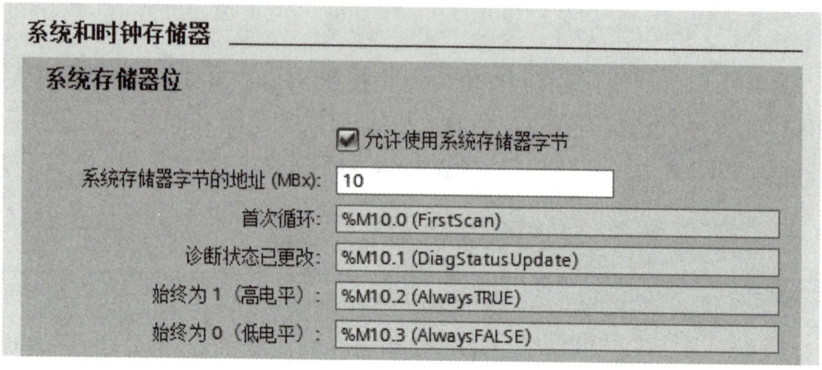

图 3-50　系统存储器的设置

系统存储器字节提供了以下 4 个位，用户程序可通过以下变量名称引用这 4 个位。

（1）M10.0（首次循环）默认变量名称为“FirstScan”，在启动组织块执行完成后的第一个扫描周期内，该位设置为 1；在执行完第一次扫描，第二次扫描开始后，该位将设置为 0。

（2）M10.1（诊断状态已更改）默认变量名称为“DiagStatusUpdate”，在 CPU 记录诊断事件后的一个扫描周期内，该位设置为 1。由于直到首次循环组织块执行结束，CPU 才能置位该位，因此用户程序无法检测在启动组织块执行期间或首次循环组织块执行期间是否发生过诊断状态更改。

（3）M10.2（始终为 1）默认变量名称为“AlwaysTRUE”，该位始终设置为 1。

（4）M10.3（始终为 0）默认变量名称为“AlwaysFALSE”，该位始终设置为 0。

Ⅱ.PLC 变量的定义

根据输入/输出地址分配，PLC 变量的定义如图 3-51 所示。

变量 table_1

	名称	数据类型	地址	保持	在 H...	可从 ...
1	start	Bool	%I0.0	☐	☑	☑
2	stop	Bool	%I0.1	☐	☑	☑
3	SQ1	Bool	%I0.2	☐	☑	☑
4	SQ2	Bool	%I0.3	☐	☑	☑
5	装料	Bool	%Q0.0	☐	☑	☑
6	右行	Bool	%Q0.1	☐	☑	☑
7	卸料	Bool	%Q0.2	☐	☑	☑
8	左行	Bool	%Q0.3	☐	☑	☑
9	SA选择开关	Bool	%I1.0	☐	☑	☑
10	手动前进	Bool	%I0.6	☐	☑	☑
11	手动后退	Bool	%I0.7	☐	☑	☑

图 3-51　PLC 变量的定义

Ⅲ. 状态图和顺序功能图的设计

采用顺序控制设计法设计程序，首先要画出顺序功能图，顺序功能图中的各步在实现转换时，使前级步的活动结束，而使后级步的活动开始，步之间没有重叠。这使系统中大量复杂的联锁关系问题在步的转换中得以解决。对于每个步的程序段，只需要处理极其简单的逻辑关系，编程方法简单易学、规律性强，程序结构清晰、可读性好、调试方便，工作效率高。

系统的工作过程可分为若干个状态（本任务中共分为 5 个状态，首先是起始状态，然后分别为装料、右行、卸料、左行等 4 个状态），当满足某个条件时（时间条件或小车碰到行程开关），系统将从当前状态转入下一状态，同时上一状态的动作结束。每个状态对应一个步，可将状态图转换为顺序功能图。顺序功能图可以非常直观、清晰地描述运料小车自动往返的控制过程。

本任务中，5 个状态对应 5 个步，每个步用一个位存储器来表示，分别为 M0.0~M0.4，如图 3-52 所示。其中，M0.0 为起始步，M0.1 为装料步，M0.2 为右行步，M.3 为卸料步，M0.4 为左行步。以转换为中心的编程方法的顺序功能图描述如下：转换的前级步是活动步，实现图 3-52（b）中 I0.0 和 I0.2 对应的转换需要同时满足两个条件，即该步为活动步（M0.0=1）和转换条件（I0.0 · I0.2=1），当这两个条件同时满足时，就从当前步 M0.0 转换为 M0.1 步，此时 M0.0 为非活动步，而 M0.1 为活动步。在顺序功能图中，可以用 M0.0 和 I0.0、I0.2 的常开触点组成的串联关系来表示上述条件。当两个条件同时满足时，应将该转换的后级步变成活动步，并将该转换的前级步变成非活动步。这种编程方法与转换实现的基本规则之间有严密的对应关系，用它编制顺序功能图复杂的程序，更能显示出它的优越性。图 3.52（b）中给出了每个状态的输出信号以及每个状态的转换条件，给编程提供了极大的方便。其他各步的转换相同，不再讲述。

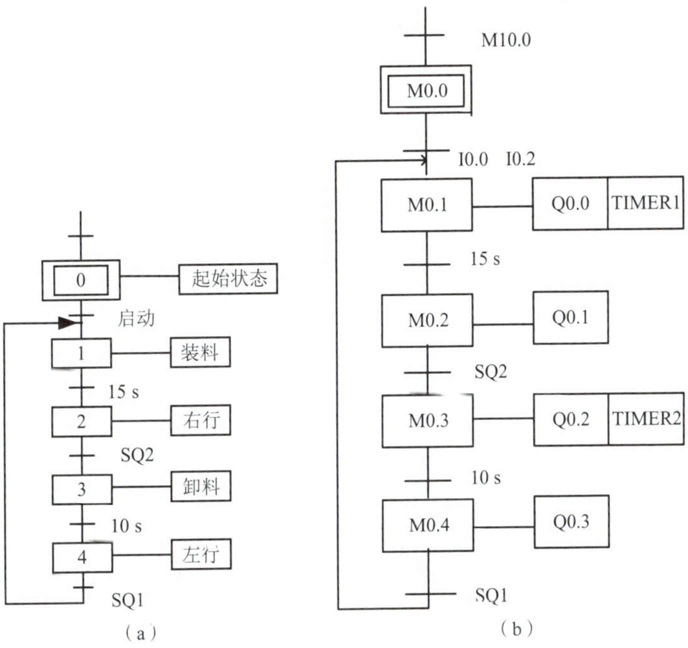

图 3-52 运料小车往返控制的状态图和顺序功能图

（a）状态图 （b）顺序功能图

由本任务的顺序功能图可以看出，其是典型的单序列顺序功能图，其在任何时刻只有一个步为活动步，也就是说 M0.0~M0.4 在任何时刻只有一位为 1，其他位都为 0。每个步对应的输出也必须在顺序功能图中表示出来。

Ⅳ. 梯形图的设计

运料小车往返自动控制的梯形图如图 3-53 所示。

程序段 1：初始化起始步，并对其他步的标志位和内部标志位清零。在以下 3 种情况下会初始化起始步：首次扫描，选择手动控制，3 次循环结束。

程序段 2：在自动控制状态下（I1.0=1），当前活动步为 M0.0，当满足小车在起始位置（I0.2=1）条件，并按下启动按钮（I0.0=1）时，由起始步 M0.0 转换为 M0.1 步，进入装料步，此时 M0.0 为非活动步，M0.1 为活动步。

程序段 3：当前活动步为 M0.1，当装料时间到时，由 M0.1 步转换为 M0.2 步，此时 M0.2 为活动步，进入右行状态。

程序段 4：当前活动步为 M0.2，当小车右行到右侧行程开关处，即 I0.3 为 1 时，由 M0.2 步转换为 M0.3 步，此时 M0.3 为活动步，进入卸料状态。

程序段 5、6：卸料 10 s，由 M0.3 步转换为 M0.4 步，进入左行状态，当小车左行到左侧行程开关处，即 I0.2 为 1 时，回到 M0.1 步，完成一次循环。

程序段 7：用计数器指令累计循环次数，设计要求循环 3 次，所以计数器计数值必须达到 4 次；当循环次数到或选择手动控制或按下停止按钮时，必须对计数器复位。

程序段 8、9：按下停止按钮的处理，建立停止运行标志位 M0.5，并回到起始步。

程序段 10~13：输出处理，包括手动输出处理。

程序段 1：

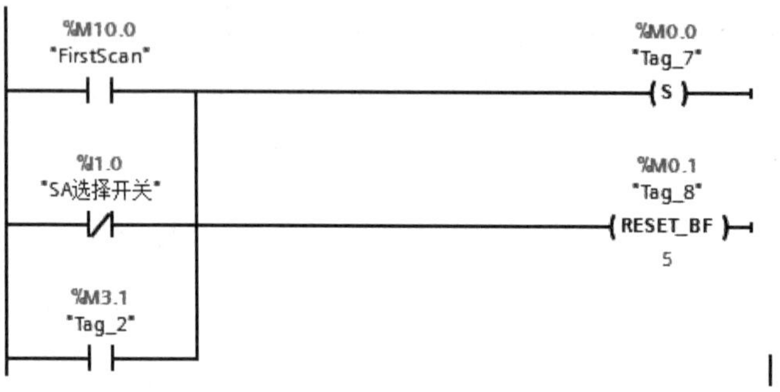

程序段 2：

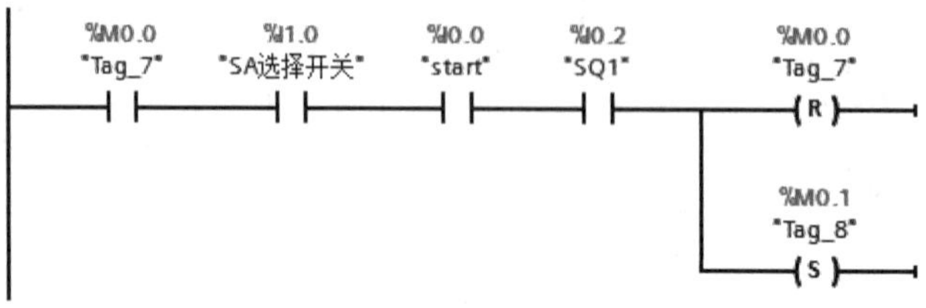

程序段 3：

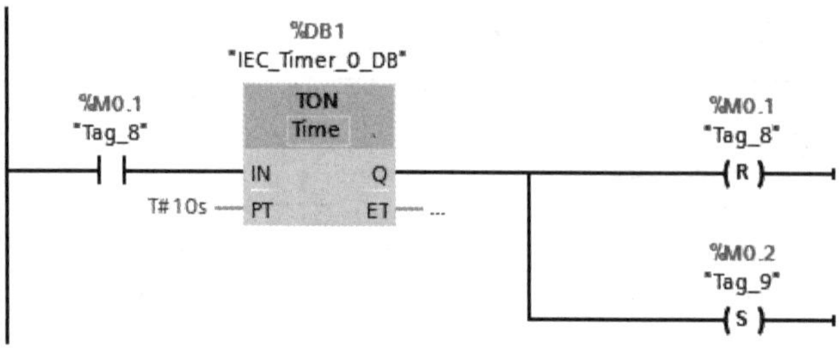

程序段 4：

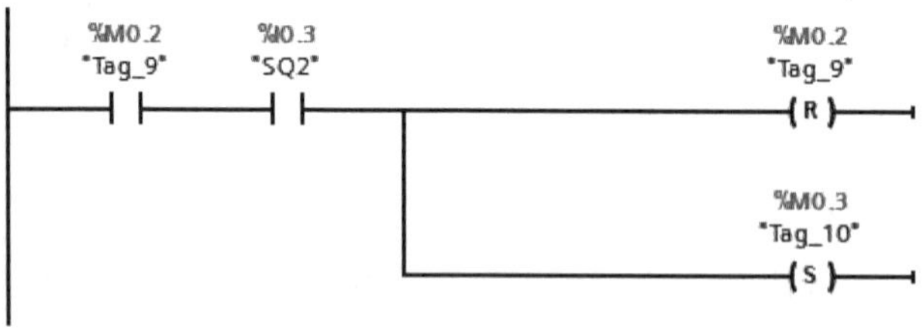

程序段 5：

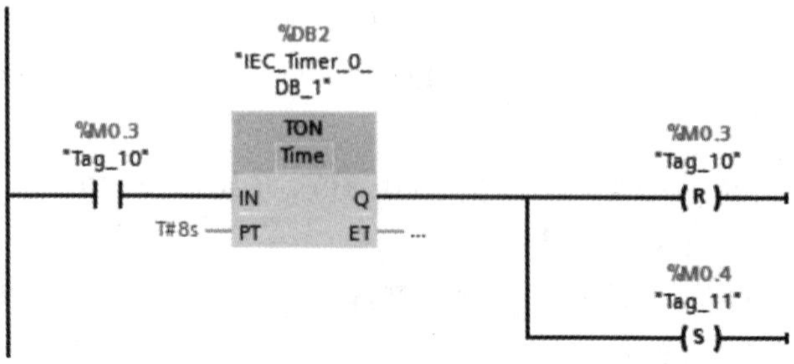

程序段 6:

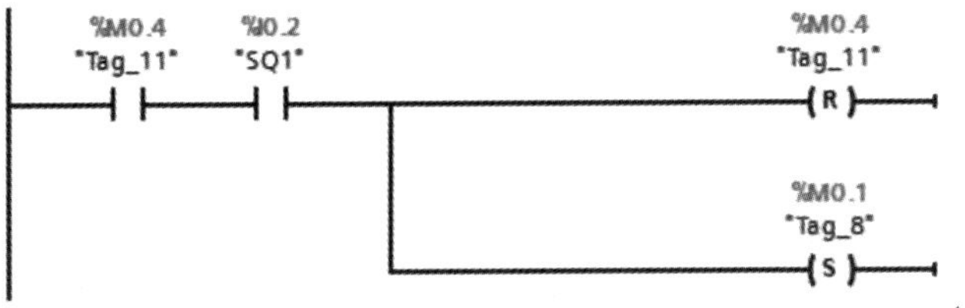

程序段 7:

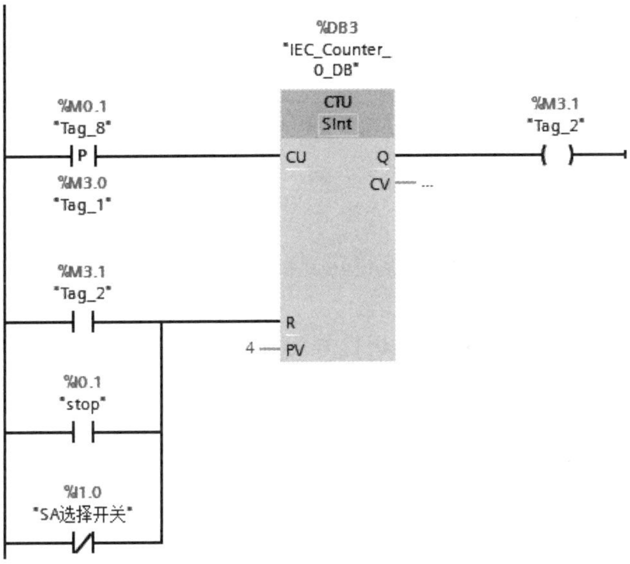

程序段 8:

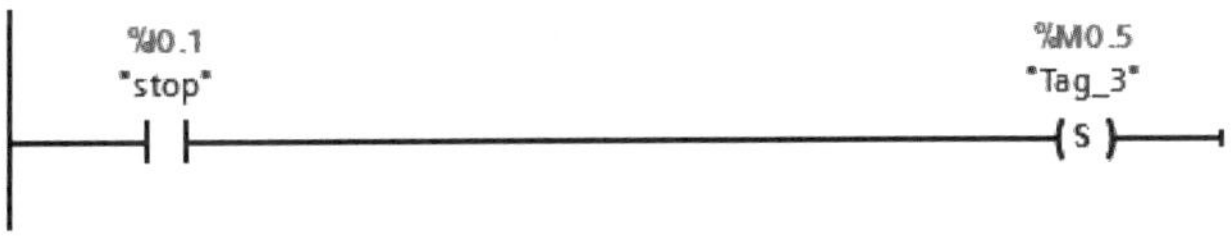

程序段 9 :

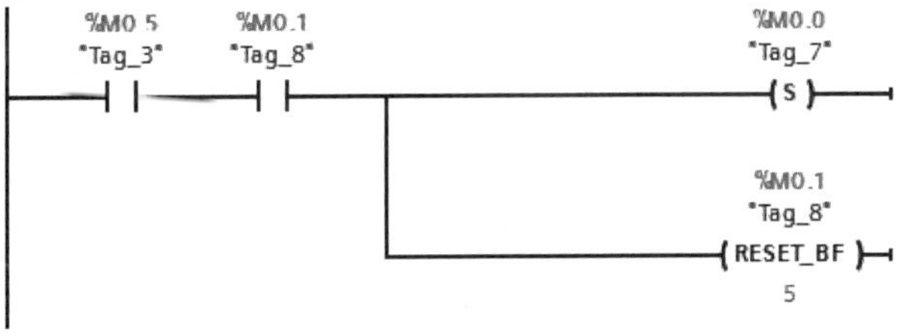

程序段 10:

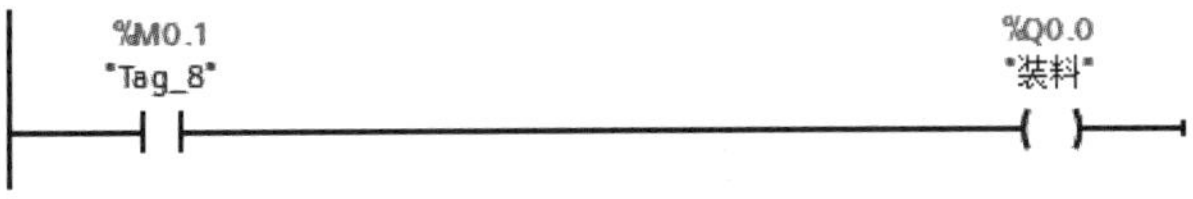

程序段 11:

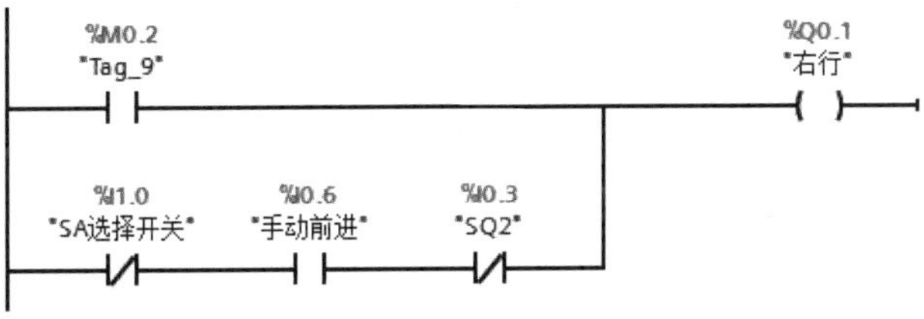

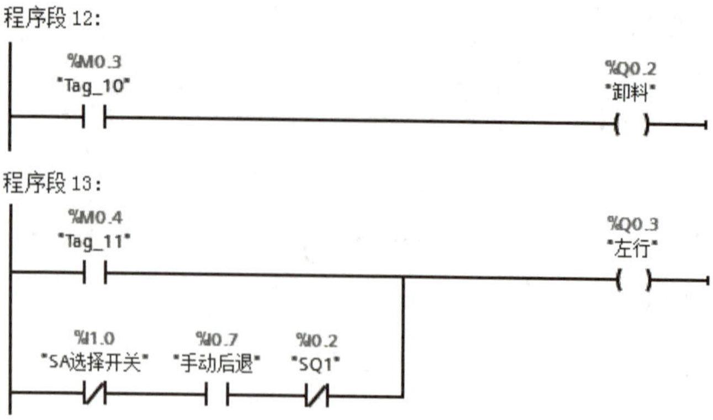

图 3-53　运料小车往返自动控制的梯形图

3. 环形焊缝焊接专机

环形焊缝焊接专机具有焊接质量好、性能稳定、操作方便、效率高等优点，广泛应用在管道、容器等焊接中。

图 3-54 所示为一台环形焊缝焊接的自动焊接专机。其在生产运行中要实现人工上料、气动装卡、工件旋转、焊接电源启动与停止的自动控制。

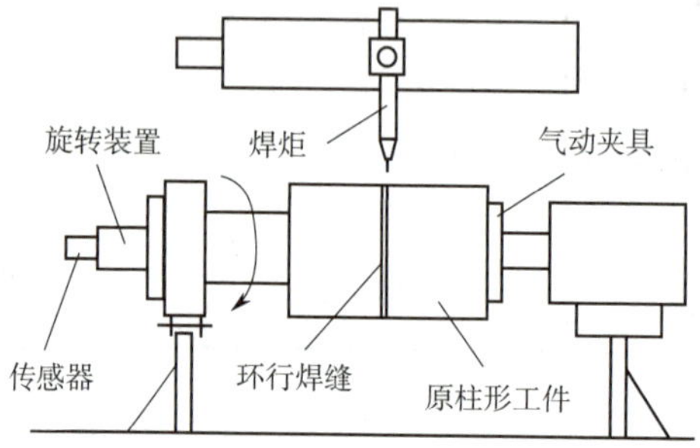

图 3-54　环形焊缝焊接的自动焊接专机

为了实现高效焊接，往往需要多工位配合。图 3-55 所示为双工位环形焊缝自动焊接专机工作台示意图。该装置将位置传感器固定在焊接机头上，焊接工件在被装卸工件工位安装固定后，转盘带动工件旋转；当传感器检测到定位块时，转盘停转，工件到达焊接位置；工件焊接时，在装卸工件工位进行工件的更换；焊接完成后，再进行工位的转换。同理，可以根据需要进行多个工位的转换控制，进而根据控制要求进行 PLC 控制系统的设计。

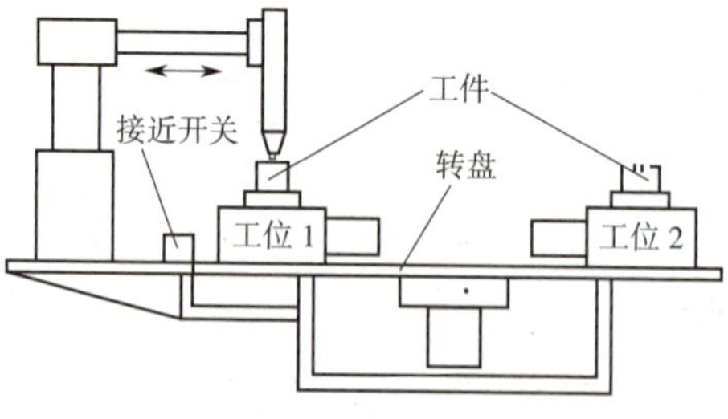

图 3-55　双工位环形焊缝自动焊接专机工作台示意图

根据焊接生产的工艺过程，分析控制要求，确定需要完成的动作和操作方式。

（1）动作顺序：假设焊接工件的材料是不锈钢，采用直流 TIG 焊接，无须填丝，其焊接程序循环如图 3-56 所示。

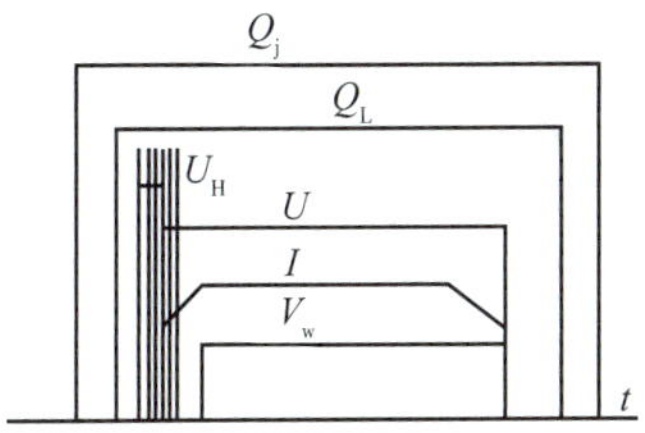

图 3-56　环形焊缝焊接程序循环图

（2）操作方式：自动控制和手动控制。

①自动控制：实现气动夹具、焊接电源、转胎的自动控制。工件自动夹紧，接通焊接电源（由弧焊电源完成提前送保护气、高频引弧、电流递增至正常焊接电流的控制）和接通焊接转胎电动机，转胎旋转，进入正常焊接；工件焊接一圈后，向弧焊电源发出停止焊接信号，由弧焊电源控制焊接电流衰减，停送保护气，最终切断焊接电源，在弧焊电源切断焊接电流时切断焊接转胎电动机电源，当保护气滞后切断后，工件自动松卡。

②手动控制：可以手动控制装卡，实现焊接电源、焊接转胎的程序自动控制。在焊接停止时，需要采用人工监控。手动控制可以用于焊接工艺试验或补焊。

（3）其他要求：需要一些必要的指示灯，如焊接指示灯、工件旋转位置指示灯等。

1）任务要求

（1）确定单工位焊缝自动焊接 PLC 的 I/O 安排，并给出安排表。

（2）绘制单工位的环缝自动焊接控制系统的接线图。

（3）绘制单工位的环缝自动焊接控制系统的梯形图。

（4）确定控制语句列表。

（5）确定双工位焊缝自动焊接 PLC 的 I/O 安排，并给出安排表。

（6）绘制双工位的环缝自动焊接控制系统的接线图。

（7）绘制双工位的环缝自动焊接控制系统的梯形图。

（8）确定控制语句列表。

2）硬件设计

根据控制要求确定所需的用户输入、输出设备，再据此确定 PLC 的 I/O 点数，并选择 PLC，设计 I/O 连接图。需要启动按钮 SB1、停止按钮 SB2、气动夹具控制按钮 SB3、弧焊电源通断控制按钮 SB4、转胎电动机旋转控制按钮 SB5 均采用无锁按钮开关；自动/手动控制选择开关 SA1 采用一刀两位的主令开关。气动夹具通过电磁阀 YV 进行控制，转胎电动机通过接触器 K 控制，弧焊电源可以与焊接电源的遥控开关 SB 连接。

3）软件设计

根据焊接工艺及控制要求，绘制自动控制程序流程图。由于 TIG 焊接要求引弧前先送保护气，因此在气动夹具夹紧工件后，弧焊电源应该先接通。当提前送气、电弧引燃后，并开始焊接时，再驱动焊接转胎电动机工作。

假设提前接通弧焊电源的时间为 5 s，用于提前送气、高频引弧及焊接电流递增等过程，按动启动按钮后，焊接电源接通，延时 5 s 后，接通焊接转胎电动机，带动工件旋转。由于焊接停止时需要有电流衰减过程，因此应该先发出弧焊电源断电信号，经过电流衰减，电弧熄灭后，再停止工件旋转。假设电流衰减时间为 2 s，则在发出停止焊接信号后 2 s，再发出转胎停转信号。为了保护焊接熔池和刚焊完的焊缝金属不被氧化，保护气不能立即停送，需要延时一段时间再关断保护气。待保护气延时关断后，再使工件松卡。

在焊接时，编码器输入计数器中的脉冲达到 360 个时，说明环缝自动焊接一圈，此时首先向弧焊电源发出焊接停止信号，2 s 后再发出转胎停转信号，延时 3 s 用于保护气延时关断，再发出卡具松卡信号。

如果是手动控制，则人为控制焊接过程，当需要焊接停止时，通过按动停止按钮来代替计数器发出的焊接停止信号。

任务五　现场总线系统技术

一、现场总线系统技术的定义

现场总线控制系统（Fieldbus Control System，FCS）是一种全数字化、双向、多站的通信系统，也是应用于各种计算机控制领域的工业总线，它已经在焊机群控和大规模焊接车间得到了广泛的应用。现场总线系统技术是一种新型的数字通信技术，它使用一条通信线路将传感器、执行器、控制器等各种设备连接在一起，实现在现场对设备进行控制和监测。使用现场总线将现场的各种控制器及仪表设备互联，构成现场总线控制系统，同时控制功能彻底下放到现场，降低安装成本和维护费用。

二、现场总线系统技术的优点

相比传统的模拟信号传输方式，现场总线系统技术具有如下优点：

（1）更高的集成度，即可以将多个信号传输到一条通信线路上，减少了电缆数量和占用空间；

（2）更快的数据传输速率，即采用数字信号传输，使得数据传输更加可靠、稳定和快速；

（3）更强的自诊断功能，即能够及时检测故障并报警，便于维护和排除故障；

（4）更高的灵活性，即支持不同类型的设备连接，具有开放式通信协议，提高了设备互操作性和兼容性。

三、现场总线系统技术的特点

现场总线系统技术的主要特点是支持多种传输速率、远距离传输、开放式通信协议、分布式智能等，具体主要包括：

（1）分布式架构，即将控制单元分布到不同的设备上，降低了系统复杂度；

（2）智能化，即现场设备有一定的智能性，可以执行简单的算法、逻辑运算和调节控制等功能；

（3）实时性，即能够保证数据传输的实时性和准确性，对于一些高实时性的工业控制应用非常适合；

（4）可重构，即对于一些需要经常变更和升级的系统，能够很好地适应需求变化，具有较好的可重构性。

四、现场总线系统技术在焊接中的应用

焊接现场的数字智能传感器是 FCS 的硬件支撑，现场总线在控制现场建立一条可靠的数据通信线路，实现焊接现场各智能传感器之间及智能传感器与主控机之间的数据通信，把单个分散的智能传感器变成网络节点，这有助于减轻主控站的工作负担。经过智能传感器预处理的数据通过现场总线汇集到主控机上，并进行更高级的处理，可提高信号传输的准确性、实时性和快速性，在焊接群控、大规模焊接车间的工业现场得到应用。

采用现场总线后，可以从焊接现场得到更多的信息。现场总线系统的信息量没有减少，甚至增加了，而传输信息的线缆却大大减少了。这就要求，一方面要大大提高线缆传输信息的能力，另一方面要让大量信息在现场就地完成处理，减少现场与主控制之间的信息往返。可以说，现场总线的实质就是信息处理的现场化，这也是智能化仪表和现场总线所追求的目标。

综上所述，现场总线系统技术给当今的焊接自动化带来以下 7 个方面的变革：

（1）用一对通信线连接多台数字仪表代替一对信号线只能连接一台模拟仪表；

（2）用多变量、双向、数字通信方式代替单变量、单向、模拟传输方式；

（3）用多功能的现场数字仪表代替单功能的现场模拟仪表；

（4）用分散式的虚拟控制站代替集中式的控制站；

（5）用现场控制系统代替集散控制系统；

（6）变革传统的信号标准、通信标准和系统标准；

（7）变革传统的自动化系统的体系结构、设计方法和安装调试方法。

当前人类社会正在进入以信息物理融合系统为基础，以生产高速数字化、网络化以及机械自动化为标志的第四次工业革命。在“互联网+”模式下，焊接自动化技术也被赋予了新的生命，焊接制造业已经朝着设备互联、人机互联的智能化方向前进。现场总线只要配置相应的收发电路和软件模块，就可以用于焊接现场管理和控制系统，实现智能焊接云系统。

智能焊接云系统主控设备通过信息采集装置采集焊接电源的参数（电压、电流、焊丝速度等）以及绑定的人员和设备信息，然后通过有线（或无线）的方式将数据上传至智能焊接云系统，该系统对数据进行统计分析，生成各种数据报表和焊接管控命令，对焊接过程进行高效管理，管理人员可根据相关数据报表做管理决策。

接入互联网的任意终端用户 PC 机，不需要安装专用软件，均可通过 IP 地址网页访问的方式，在浏览器中实现对软件管理系统服务器的访问，从而实现对焊接作业现场的管理和远程监控。该系统可以通过刷卡、扫码枪扫码实现焊工、焊机、工件信息的绑定，以及焊机设备使用的管控。

智能焊接云系统还借助工业互联网平台，运用物联网、云计算、边缘计算、智能检测控制等技术，实现从企业资源计划承接分配到车间的生产订单、焊前准备、焊接过程管理及控制、焊后质量检测，并形成完整的产品完工资料，从而形成焊接现场生产管理与控制的综合化服务平台，如图 3-57 所示。

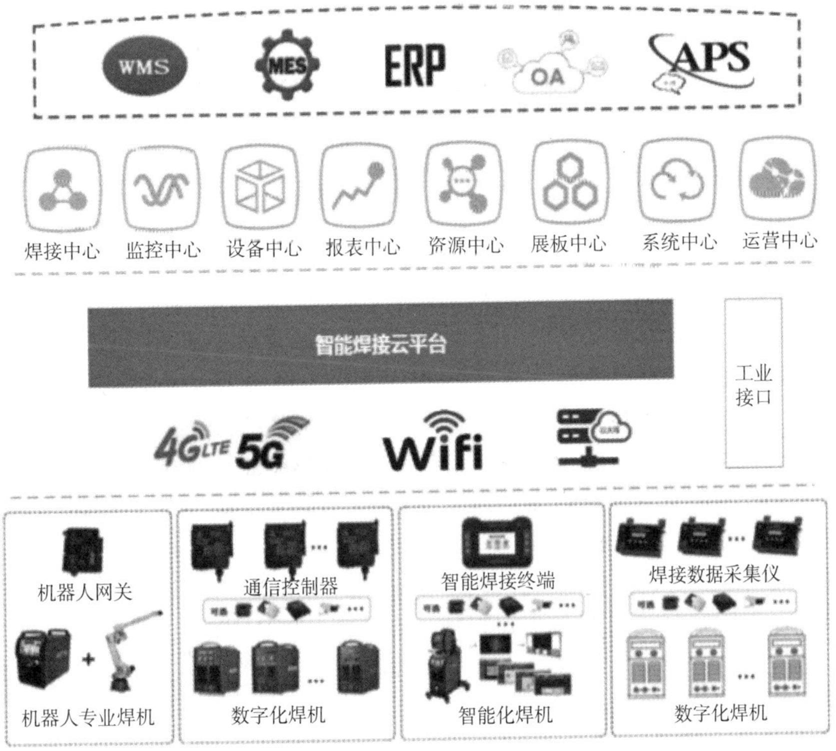

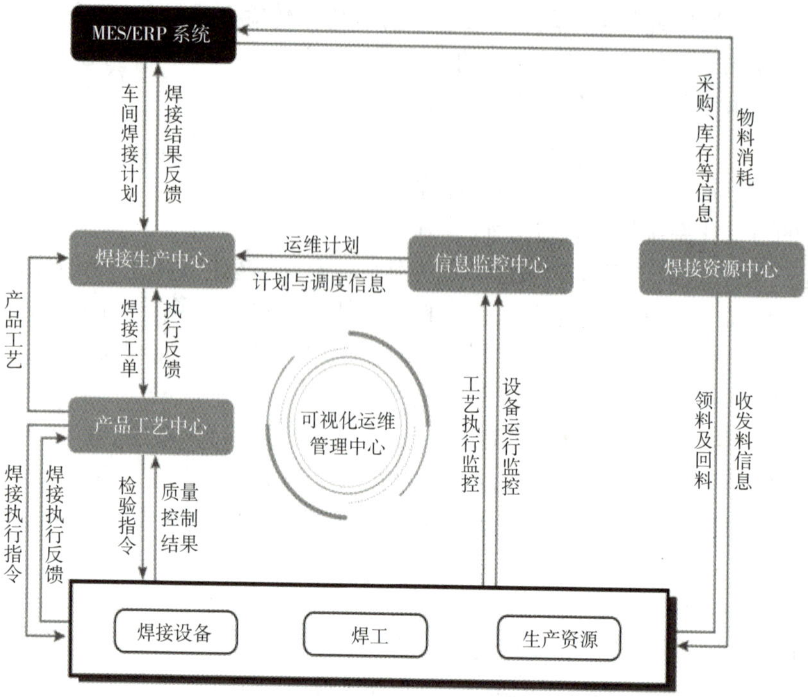

图 3-57　智能焊接云平台

智能焊接云平台由焊接生产中心、信息监控中心、设备管控中心、焊接资源中心、数据报表中心、信息展板中心、系统配置中心等组成。智能焊接云平台可应用于煤机、压力容器、钢结构、汽车制造、船舶、航空航天等行业。针对焊接工艺要求严格，焊接工艺规程设计复杂，焊接记录单人工记录纸质流转，焊接任务人工分配效率低等问题，采用智能焊接云系统能有效地缩短产品制造周期，减少焊接过程中大量的文书工作，整合、优化生产要素，提高生产效率，实现焊接工艺精细控制，提高产品质量。

【拓展阅读】

1. 工业物联网群控：开启智能制造新纪元

随着科技的迅猛发展，工业物联网正在引领制造业进入一个全新的智能化时代。其中，群控技术的应用成为实现高效生产的关键因素，为智能制造行业企业带来了显著的变革。

群控，即群体控制，指通过网络将大量的设备、传感器和系统连接在一起，实现集中管理和协调操作。在工业物联网的环境下，群控技术能够有效整合和优化生产资源，实现对生产过程的全面监控和智能控制。群控技术的核心在于通过数据的实时传输与分析，使生产线能够迅速响应变化，提高整体生产效率。

首先，群控系统可以实时监控生产设备的运行状态，及时发现并解决潜在问题。通过对数据的深度分析，群控系统可以预测设备故障，并提前进行维护，从而避免生产停滞带来的损失。此外，群控系统还可以自动调节生产参数，根据实际需求优化生产过程，提高资源的利用率。

其次，群控技术在生产调度中的作用不可忽视。群控技术能够通过集中控制和智能调度，优化生产计划，平衡生产负荷，减少生产瓶颈。这不仅可以提升生产线的灵活性，也使企业能够更快速地响应市场需求的变化。

最后，群控系统的引入降低了人为操作的复杂度，减少了人为错误的可能性，提高了生产过程的稳定性。随着人工智能和大数据技术的不断进步，群控系统将变得更加智能化，从而为企业提供更精确的控制和管理能力。

总体来说，工业物联网群控技术的应用，不仅提升了制造业的生产效率和产品质量，也为企业的智能化转型铺平了道路。未来，随着技术的不断发展和应用的深化，群控技术将在智能制造领域发挥更加重要的作用，为企业带来更加广阔的发展前景。

2. 数智制造中的焊接技术

数智制造中的焊接技术作为智能制造和工业 4.0 的重要组成部分，正在经历快速的发展和变革。这一技术不仅提高了焊接效率和质量，还为制造业的数字化转型提供了新的思路和工具。

数字化焊接技术通过微控制器、传感器、监控器等电子设备实现直接数字化生产线上的焊接参数和生产数据的采集、传输、监控和控制。这一技术提高了焊接自动化程度，减少了人工干预，提高了生产效率，并降低了焊接成本。

随着人工智能技术、计算机视觉技术、数字化信息处理技术、机器人技术的融合，焊接技术正朝着焊接工艺高效化、焊接电源控制数字化、焊接质量智能化以及生产过程机器人化的方向发展。

数字化焊接技术广泛应用于汽车制造业、电子制造业、能源行业以及金属加工和制造行业等多个领域。在汽车制造业中，焊接机器人能够高效地完成车身、底盘等部件的焊接工作，提高生产效率和质量。在电子制造业中，焊接机器人能够精确地完成电路板的焊接，确保电子产品的稳定性和可靠性。

“数智制造，焊接先行”这一理念强调了在智能制造和工业 4.0 的背景下，焊接技术及其自动化、智能化的重要性。

数智制造指通过数字化和智能化技术，实现制造过程的自动化、智能化和网络化。这包括利用物联网、大数据、云计算、人工智能等技术，对制造过程进行全面优化和升级。

焊接先行指焊接作为制造业中的关键工艺之一，其自动化和智能化水平直接影响着整个制造过程的效率和质量，因此在推进智能制造的过程中，焊接技术的创新和应用应走在前列。

对数智制造中的焊接技术的实施有如下建议。

（1）加强技术研发：加强焊接机器人、智能焊接系统、焊接物联网等前沿技术的研发，推动焊接工艺与人工智能、机器学习等技术的深度融合，实现焊接过程的智能化控制和优化。

（2）推动产业升级：鼓励企业采用先进的焊接技术和设备，提高焊接生产的自动化和智能化水平；支持产业链上下游企业之间的合作，共同打造智能化焊接生产线和数字化车间。

（3）培养专业人才：加强焊接技术人才的培养和引进，建立一支具备高水平专业知识和技能的人才队伍；开展焊接技术与智能制造相关的培训和教育活动，提高行业整体的技术水平和创新能力。

项目小结

工业物联网群控

DSP 是单片机的一个分支，但是 DSP 比单片机功能更强大，其采用了哈佛结构，可用 C/C++语言实现复杂的数学算法。焊接控制中用到的核心模块有 ePWM、看门狗、定时器、A/D、Dead-Band 等。

TIA 博途软件是西门子公司开发的高度集成的工程组态软件，对于西门子 PLC 的自动化焊接生产线控制系统的设计十分重要。在实际操作中，应不断培养安全意识、精益求精的学习态度和不断创新思考的能力。

现场总线不仅是分散于最底层的控制系统，而且是整个工业体系的通信系统，工业控制系统先后经过模拟仪表控制系统、集中式数字控制系统、集散控制系统（DCS）、现场总线控制系统（FCS）的发展阶段。

现场总线控制系统（FCS）是以现场总线为基础的开放式、全数字式的控制系统。它通常由以下 3 部分组成：现场智能仪表、控制器；现场总线系统；监控、组态计算机。现场总线各控制器节点下放分散到现场，构成一种彻底的分布式控制体系结构，其网络拓扑结构可为总线形、星形和环形等，通信介质不受限制，可采用双绞线、电力线、无线和红外线等各种连接形式。采用现场总线后，可以从焊接现场得到更多的信息。

基于互联网、总线技术，可以建成焊接现场管理和控制系统。将焊接技术、信息技术、通信控制和管理理念相结合，对工艺文件、焊接设备、作业人员、作业过程、焊材和能耗等进行统一管理，可以为焊接制造的自动化和信息化提供解决方案，从而有效提高焊接制造效率和综合管理能力，并保障焊接质量。

复习思考题

数智制造中的焊接技术

1. 简述单片机内部控制器的功能及其开发过程。
2. 简述 DSP 应用系统的一般设计开发过程，以及如何选择 DSP 芯片。
3. 尝试用 PLC 设计一个焊接小车自动控制系统。
4. 简述现场总线技术的特点，试列举基于互联网的焊接管控系统应用案例及其结构。

项目四

弧焊电源

项目描述

在现代制造业中，焊接技术的作用越来越重要。焊接材料的质量和焊接技术的水平直接影响焊接的质量，而作为焊接核心设备的焊接电源是保证高质量焊接的首要必备条件，即所谓“工欲善其事，必先利其器”。弧焊电源是弧焊技术发展水平的主要标志，它的发展与焊接技术的发展是相互促进、密切相关的。因此，发展我国制造业，尤其是装备制造业，必须高度重视焊接技术及其焊接电源的同步提高和发展。

党的二十大报告指出：“深入实施人才强国战略。培养造就大批德才兼备的高素质人才，是国家和民族长远发展大计。”“加快建设国家战略人才力量，努力培养造就更多大师、战略科学家、一流科技领军人才和创新团队、青年科技人才、卓越工程师、大国工匠、高技能人才。”我们应“弘扬工匠精神，厚植工匠文化”，为了适应我国工业现代化进程的需要，必须精益求精、追求卓越，加强弧焊电源的研制，充分利用电子技术、计算机技术和大功率电子器件，不断提高产品质量；大力发展高效、节能、性能良好的新型弧焊电源，积极研制微机控制的弧焊电源，从而把弧焊电源的发展推向一个新阶段。

知识目标

- （1）了解弧焊电源的分类与发展。
- （2）熟悉焊接电弧的伏安特性。
- （3）理解“电弧-电源”系统稳定性的条件。
- （4）掌握对弧焊电源的基本要求。
- （5）熟悉不同种类弧焊电源的基本原理和应用范围。

能力目标

- （1）能够根据工作任务选择合适的弧焊电源。
- （2）能够进行弧焊电源的安装及使用。

素养目标

- （1）通过学习弧焊电源的工作原理，提高理论联系实践的能力。
- （2）培养善于思考、精益求精、追求卓越的劳动品质。

任务一　弧焊电源概述

弧焊电源是用来对焊接电弧提供电能的一种专用设备，它是电弧焊机的核心部分。与一般的电力电源不同，弧焊电源的负载是电弧，它必须具有弧焊工艺所要求的电气性能，如合适的空载电压、一定形状的外特性、良好的动特性和灵活的调节特性等。

一、弧焊电源在焊接中的作用

电弧焊是应用最为广泛的一种焊接方法。根据一些工业发达国家的统计，电弧焊在焊接生产总量中所占的比例一般都在60%以上。根据工艺特点不同，电弧焊可分为焊条电弧焊、埋弧焊、气体保护电弧焊和等离子弧焊等多种。

不同材料、结构的工件，需要采用不同的电弧焊工艺方法，而不同的电弧焊工艺方法则需采用不同的电弧焊机。例如，操作方便、应用最为广泛的焊条电弧焊，需要采用由对电弧供电的电源装置和焊钳组成的焊条电弧焊机；锅炉、化工、造船等工业广为使用的埋弧焊，需要采用由电源装置、控制箱和焊车等组成的埋弧焊机；适用于焊接化学性活泼金属的气体保护电弧焊，需要采用由电源装置、控制箱、焊车（自动式焊机用）或送丝机构（半自动式焊机用）、焊枪、气路和水路系统等组成的气体保护电弧焊机；适用于焊接高熔点金属的等离子弧焊，则需要采用由电源装置、控制系统、焊枪或焊车、气路和水路系统等组成的等离子弧焊机。

显然，弧焊电源电气性能的优劣，在很大程度上决定着焊接过程的稳定性。没有先进的弧焊电源，是难以实现先进的焊接工艺和焊接过程自动化的。因此，应该对弧焊电源的基本理论、结构、性能特点进行深入的分析，真正了解和正确使用弧焊电源，进而研制出新型的弧焊电源，使焊接质量和生产效率得到进一步提高。

二、弧焊电源的分类

弧焊电源有多种分类方法，按输出电流的种类可分为直流、交流和脉冲三大弧焊电源类型；按输出外特性特征可分为恒流（垂直下降）外特性、恒压（平）外特性和介于以上两者之间的缓降外特性三大弧焊电源类型；按对外特性和焊接参数等的控制与调节可分为机械控制、电磁控制和电子控制三大弧焊电源类型。

按输出电流的种类对弧焊电源进行分类比较便于选用，在每一大类中又可按其工作原理、结构特征或使用的关键器件不同进行细分，如图4-1所示。

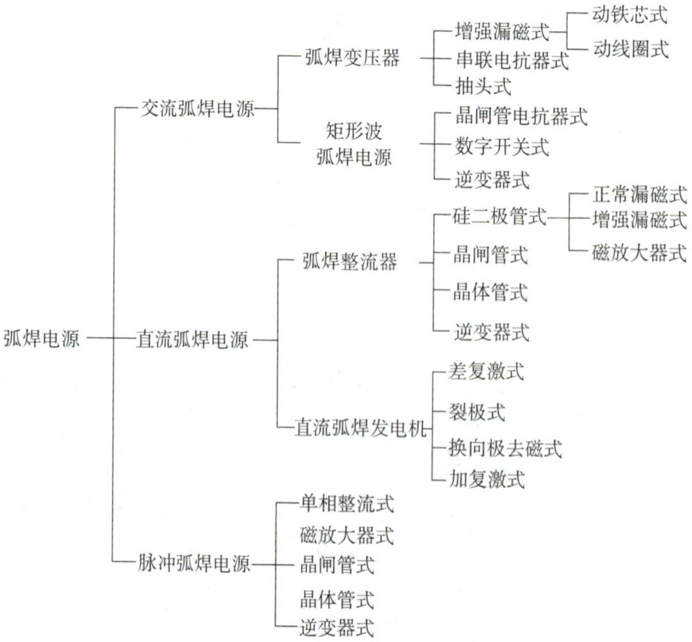

图4-1　弧焊电源按输出电流的种类分类

三、弧焊电源的现状和发展

任何机械设备的发展都是从初级到高级，从粗糙到精细，从手工操作到自动操作。弧焊电源的发展也不例外，交流弧焊电源最原始的形态是一个普通变压器外加一个能获得下降特性和能调节电流大小的电抗器，焊接参数的调节全部为手工操作，属于机械调节型弧焊电源。发展到现代由电子控制的逆变器式的矩形波弧焊电源，焊接参数的调节只需通过键盘按钮选择或切换就能轻松实现，而且十分精确，属于电子控制型弧焊电源。直流弧焊电源最初级的形状是由电动机带动直流发电机获得适合焊接使用的直流电，通过改变发电机励磁的控制而实现焊接参数的调节与控制，属于电磁控制型弧焊电源，因其耗电、耗材和笨重，还有较大噪声等，现已被淘汰。现已发展到节材、节能和体积小巧的逆变式弧焊整流器，全部采用电子调节与控制焊接参数。

弧焊电源的发展总是围绕着外特性的调节与控制方式进行的，其目标都是为了达到既满足弧焊工艺的基本要求、参数调节精确和可控，同时又符合节能、节材和环保的要求。早期的弧焊电源主要是机械调节型，后来有一部分发展为电磁控制型，而近年来已大力发展电子控制型。电子控制型弧焊电源发展的历史不长，因此目前国内应用仍以机械调节型和电磁控制型为主，虽然它们的自身结构特点决定了它们具有控制参数少、调节精度低和稳定性较差等缺点，且有些已被淘汰，有些正在被淘汰，但由于它们价格较便宜、维修方便，因此在一些中、小型企业仍较受欢迎。从发展总趋势来看，它们都会被电子控制型弧焊电源所取代。具体来说，弧焊电源大致会向下列几个方向发展。

（1）晶闸管式弧焊电源已经代替电动式弧焊发电机、磁放大器式弧焊整流器，也部分代替动铁芯式、动线圈式弧焊整流器。随着逆变器的发展，晶闸管式弧焊电源也将逐渐被逆变式整流器所代替。

（2）高效节能且轻量化的弧焊逆变器将会飞速发展，成为弧焊电源的主流。

（3）矩形波交流弧焊电源将逐渐代替正弦波弧焊变压器，以解决铝制品的焊接工艺问题，并可部分代替直流弧焊电源。

（4）能精密控制的晶体管式、场效应管式弧焊电源等将会进一步发展，并配以微机控制和模糊、人工神经网络控制及专家系统，使其智能化，以适应弧焊机器人、全位置自动化焊接和高质量、高精度焊接技术的需要。

（5）改革电子控制型弧焊电源的制造工艺，逐步采用模块化的组装结构，以提高其工作可靠性、稳定性，减少维修工作量，还可以大大简化生产过程，提高生产效率。

任务二 焊接电弧的伏安特性

一、焊接电弧的结构

焊接电弧沿其长度方向可分为三个区域，如图 4-2 所示。其中，紧靠负电极的区域称为阴极区，紧靠正电极的区域称为阳极区，阴极区和阳极区之间的区域称为弧柱区。阴极区的长度一般为 10^{-6}~10^{-5} cm，而阳极区的长度一般为 10^{-4}~10^{-3} cm，因此电弧长度可以认为近似等于弧柱区长度。

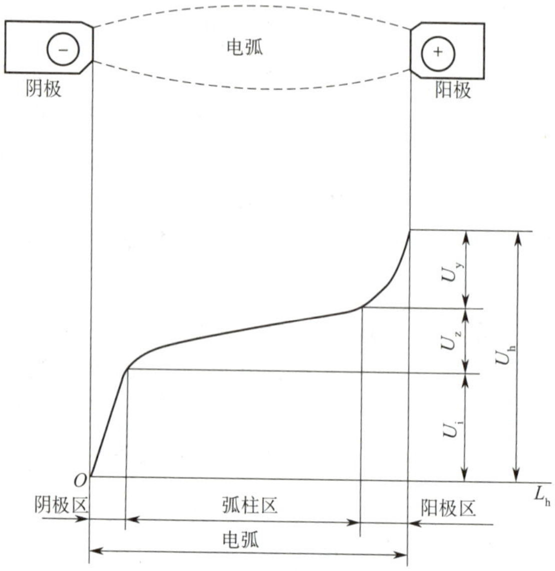

图 4-2 电弧结构和压降分布示意图

电压沿电弧长度方向的分布是不均匀的。阴极区和阳极区产生的压降较大，这是由于电弧电流通过电极与电离气体之间边界的特殊条件所引起的；弧柱区的压降可以认为是均匀分布的。这三个区的电压降分别称为阴极压降 U_i、阳极压降 U_y 和弧柱压降 U_z，它们组成了总的电弧电压 U_h，可表示为

$$U_h = U_i + U_y + U_z \tag{4-1}$$

由于阳极压降基本不变（可视为常数），而阴极压降在一定条件下（电弧电流、电极材料和气体介质等）也基本不变（也可视为常数），因此式（4-1）可用下面的经验公式表示为

$$U_h = a + bl_z \tag{4-2}$$

式中 a——阴极压降和阳极压降之和（V），可视为常数；

b——单位长度弧柱压降（V/mm）；

l_z——弧柱长度（mm），近似等于弧长。

式（4-1）和式（4-2）表明，弧柱压降 U_z 在一定气体介质下与弧柱长度成正比。显而易见，弧长不同，电弧电压也不同。

二、焊接电弧的伏安特性

焊接电弧的伏安特性包括静特性和动特性。

1. 电弧静特性

一定长度的电弧，在稳定燃烧状态下，电弧电压 U_h 与电弧电流 I_h 之间的函数关系，称为电弧的静态伏

安特性,简称伏安特性或静特性,可用下列函数式表示:

$$U_h = f(I_h) \tag{4-3}$$

焊接电弧是非线性负载,即电弧两端的电压与通过电弧的电流之间不成正比例关系。当电弧电流从小到大在很大范围内变化时,电弧的静特性曲线近似呈 U 形,故也称为 U 形特性,如图 4-3 所示。

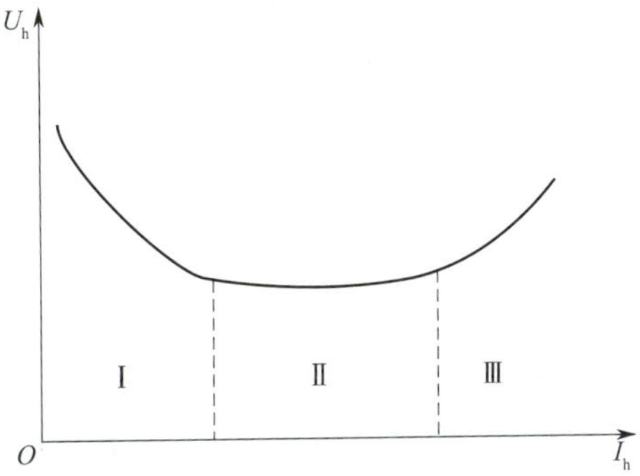

图 4-3 焊接电弧的静特性曲线

对于各种不同的焊接方法,它们的电弧静特性曲线也是有所不同的,而且在其正常使用范围内并不包括电弧静特性曲线的所有各段。对于小电流钨极氩弧焊、微束等离子弧焊以及脉冲氩弧焊中的“维弧”状态,通常使用电弧静特性曲线的下降段;对于焊条电弧焊、埋弧焊、非熔化极气体保护电弧焊,多工作在电弧静特性曲线的水平段;对于细丝大电流 CO_2 焊、等离子弧焊,则通常工作在电弧静特性曲线的上升段。几种典型焊接方法的电弧静特性曲线如图 4-4 所示。

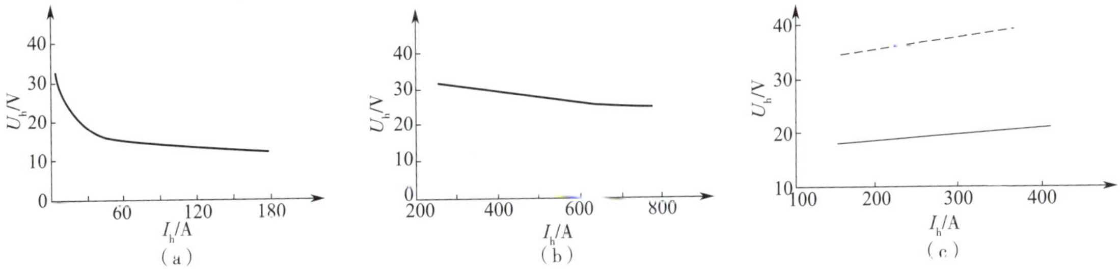

图 4-4 几种典型焊接方法的电弧静特性曲线

(a)焊条电弧焊 (b)埋弧焊 (c)气体保护焊(实线—Ar 弧焊,虚线—CO_2 焊)

2. 电弧动特性

在焊接过程中,由于受到熔滴过渡等因素的影响,电弧电压和电弧电流是时刻改变的,使电弧无法达到稳定状态。

所谓电弧的动特性,是指在一定的弧长下,当电弧电流以很快的速度变化时,电弧电压和电弧电流瞬时值之间的关系——$u_h=f(i_h)$。

图 4-5 中实线是某一弧长下的电弧静特性曲线。如果图中的电流由 a 点以很快的速度连续增加到 d 点后稳定下来,则随着电流的增加,使电弧空间的温度升高,但是后者的变化总是滞后于前者,这种现象称为热惯性。当电流增加到 i_b 时,由于热惯性关系,电弧空间温度还没来得及达到稳定状态下对应于电流 i_b 的温度。此时,由于电弧空间温度低,弧柱导电性差,阴极斑点与弧柱截面面积增加也较慢,维持电弧燃烧的电压不能降至 b 点,而将提高到 b' 点。以此类推,对应于每一瞬间电弧电流的电弧电压就不在 $abcd$ 实线上,而是在 $ab'c'd$ 虚线上。这就是说,在电流增加的过程中,电弧动特性曲线上的电弧电压比静特性曲线上的电弧电压高。同理,当电弧电流由 i_d 迅速减小到 i_a 时,同样由于热惯性的影响,电弧空间温度来不及降低。此时,对应于每一瞬间电弧电流的电弧电压将低于静特性曲线上的电弧电压,如图中 $dc''b''a$ 虚线所示。因此,图 4-5 中虚线即为电弧的动特性曲线。

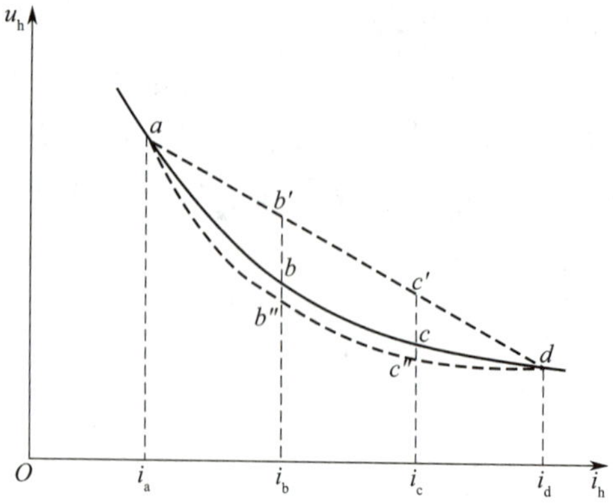

图 4-5　焊接电弧的动特性曲线

电弧电流按不同规律变化时，将得到不同形状的电弧动特性曲线。电弧电流变化速度越慢，其静、动特性曲线就越接近。如果电弧电流变化速度小到足以使电弧温度变化可以跟得上，电弧动特性曲线就与静特性曲线相重合。

任务三 对弧焊电源的基本要求

由于弧焊电源的负载是电弧，则它的电气性能就要适应电弧负载的特性。因此，弧焊电源需具备焊接的工艺适应性，即应具备容易引弧，能保证电弧稳定燃烧，焊接工艺参数稳定、可调等特点。

一、对弧焊电源空载电压的要求

弧焊电源的空载电压是指弧焊电源处于非负载状态时的端电压，用 U_0 表示，它是弧焊电源的重要技术指标。弧焊电源空载电压的确定应遵循以下几项原则。

1. 保证引弧容易

首先，引弧时，焊条（或焊丝）和工件接触，因为两者的表面往往有锈蚀及其他杂质，所以需要较高的空载电压才能将高电阻的接触面击穿，从而形成导电通路。其次，引弧时，两极间隙间的气体由不导电状态转变为导电状态，气体的电离和电子发射均需要较高的电场能。因此，空载电压越高，引弧越容易。

2. 保证电弧稳定燃烧

为确保交流电弧的稳定燃烧，要求 $U_0 \geqslant (1.8\sim2.25)U_h$。

3. 符合经济观点

当弧焊电源的额定电流 I_e 一定时，其额定容量 $P_e=U_0I_e$，即 P_e 与 U_0 成正比，所以 U_0 越高，则 P_e 越大，因此制造电源所消耗的铁、铜等材料越多，成本也越高；同时，还会增加能量的耗损，弧焊电源的效率和功率因数均降低，故空载电压不宜太高。

4. 保证人身安全

弧焊电源的空载电压越高，对操作者的安全越不利。因此，从保证操作安全考虑，空载电压不宜太高。

综合考虑上述因素，一般对弧焊电源空载电压有如下规定：弧焊变压器 $U_0 \leqslant 80$ V；弧焊整流器 $U_0 \leqslant 85$ V。一般规定空载电压不得超过 100 V，在特殊用途中，若空载电压超过 100 V，必须备有防触电装置。

二、对弧焊电源外特性的要求

电弧的稳定燃烧一般是指电弧电压和电流给定时电弧放电可在长时间内连续进行。

弧焊时，弧焊电源与电弧组成一个供电和用电系统，在稳定状态下，弧焊电源的输出电压 U_y 与输出电流 I_y 之间的关系，即 $U_y=f(I_y)$ 称为弧焊电源的外特性，也称为弧焊电源的伏安特性。表示弧焊电源外特性的曲线称为外特性曲线。

但是，对于弧焊电源来说，它的供电对象不是电灯、电炉这样的线性电阻性负载，而是非线性的特殊负载——电弧。那么，弧焊电源应具有什么样的外特性才能确保其负载——电弧稳定燃烧呢？这就是下面要讨论的内容。

1. “电源-电弧”系统的稳定性

在电弧焊接过程中，电源起供电作用，电弧作为供电对象而用电，从而构成“电源-电弧”系统，如图 4-6 所示。

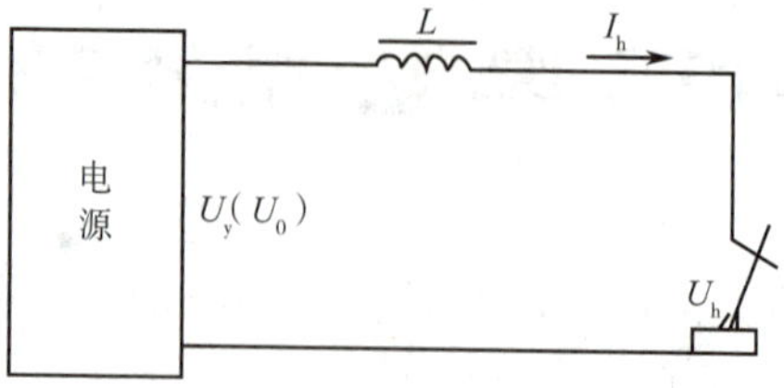

图 4-6 “电源-电弧”系统电路示意图

所谓“电源-电弧”系统的稳定性,应包含以下两方面的含义。

1)系统的静态平衡系统

在无外界因素干扰时,能在给定电弧电压和电流下维持长时间的连续电弧放电,以保持静态平衡。此时,应有如下关系:

$$\begin{cases} U_h = U_y \\ I_h = I_y \end{cases} \tag{4-4}$$

式中 U_h、U_y——稳定燃烧状态下的电弧电压和电源电压;

I_h、I_y——稳定燃烧状态下的电弧电流和电源电流。

图 4-7 中曲线 1 为弧焊电源的外特性曲线 $U_y=f(I_y)$,曲线 2 为电弧的静特性曲线 $U_h=f(I_h)$。为满足式(4-4)的要求,曲线 1 与曲线 2 必须能够相交,如图 4-7 所示两者相交于 A_0、A_1 点,由这两个交点可确定系统的工作点,此时系统处于供求平衡状态。但在实际焊接过程中,由于操作的不稳定、工作表面的不平和电网电压的突变等外界干扰,导致产生工作点偏移,使系统的平衡状态遭到破坏,出现供求不平衡。

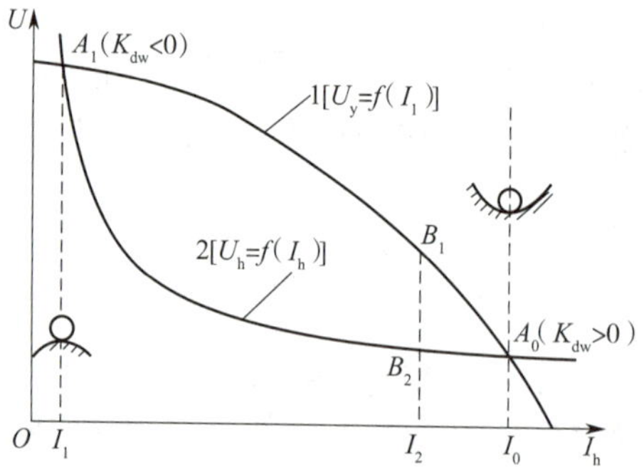

图 4-7 “电源-电弧”系统稳定性分析

2)系统对干扰的反应能力

系统一旦受到瞬时的外界干扰,即破坏了原来的静态平衡,从而造成焊接工艺参数的变化,这时就必须考察系统的反应能力,即考察系统能否迅速自动地回到原平衡状态,保证电弧稳定燃烧。

当系统受到干扰时,能快速恢复到原平衡状态的工作点为稳定工作点,其他为不稳定工作点。

根据推导,“电源-电弧”系统的静态稳定条件为

$$K_{dw} = \left(\frac{dU_h}{dI_h} - \frac{dU_y}{dI_h} \right) > 0 \tag{4-5}$$

式中 K_{dw}——系统静态稳定系数

$\frac{dU_h}{dI_h}$——电弧静特性在工作点处的斜率;

$\frac{dU_y}{dI_h}$——电源外特性在工作点处的斜率。

也就是说,电弧静特性在工作点处的斜率必须大于电源外特性在该工作点处的斜率时,“电源-电弧”系统才能稳定。由式(4-5)可以判断出,图 4-27 所示系统的 A_0 点的 $K_{dw}>0$,所以 A_0 是系统的稳定工作点;A_1 点的 $K_{dw}<0$,因此不能在该点保持系统稳定工作,即 A_1 点不是稳定工作点。

上述是从数学方程对稳定工作点问题做出的解释。此外，还可以从系统状态变化的物理过程来说明点 A_0 和 A_1 哪一点是稳定工作点。对于 A_0 点而言，当电弧电流由于某种因素的影响从 I_0 减小到 I_2 时，电源工作点移至 B_1 点，电弧工作点移至 B_2 点，$U_y>U_h$，两者的差值由回路电感压降平衡。由于电源电压大于电弧电压，即供大于求，而使电弧电流增加，直至恢复到原来的工作点 A_0 时的电流 I_0 值。当电弧电流由于某种因素影响而增加时，情况类同，仍恢复到原工作点 A_0 时的电流 I_0 值。

对于 A_1 点而言，当电弧电流增加时，同样会出现 $U_y>U_h$，将使电流继续增加，直至工作点移到 A_0 点才达到平衡，即不能回到原工作点 A_1。如果电弧电流减小，则出现相反的情况。电流将继续减小，直至电弧熄灭。因此，A_1 点不是稳定工作点。可见，只有 A_0 点才是系统的稳定工作点。

系统的反应能力与电源电压和电弧电压的差值（U_y-U_h）及回路电感有关，电压差值越大，回路电感越小，系统恢复到稳定工作点的速度越快，则稳定性越好。

2. 弧焊电源外特性曲线的形状和选择

弧焊电源的外特性一般为下降特性和平特性（包括稍有上升特性）两类，如图 4-8 所示。根据不同的焊接方法，可选择不同的弧焊电源外特性。

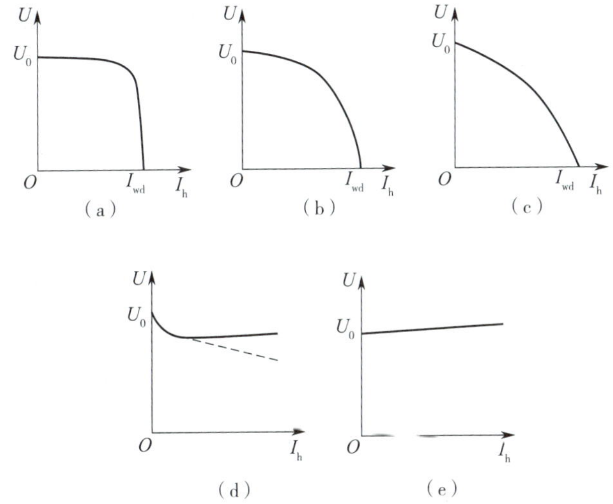

图 4-8 弧焊电源的几种外特性曲线

（a）垂直陡降特性 （b）陡降特性 （c）缓降特性 （d）平特性（恒压特性） （e）平特性（稍上升特性）

下面结合具体的焊接方法，对电源外特性曲线进行选择。

1）焊条电弧焊

在焊条电弧焊中，电弧工作于电弧静特性曲线的水平段，采用下降外特性的弧焊电源。

2）熔化极电弧焊

熔化极电弧焊包括埋弧焊、熔化极氩弧焊（MIG）、CO_2 气体保护焊和含有活性气体的混合气体保护焊（MAG）等。这些弧焊方法，要根据其电弧静特性的形状和送丝的方式来选择合适的弧焊电源外特性工作部分的形状。根据送丝方式不同，熔化极电弧焊可分为以下两种。

（1）等速送丝控制系统的熔化极电弧焊的 CO_2/MAG/MIG 焊或细丝（直径≥3 mm）的直流埋弧自动焊的电弧静特性均是上升的。电源外特性为下降、平、微升（但上升陡度需小于电弧静特性上升的陡度）都可以满足“电源-电弧”系统稳定条件。对于这些焊接方法，特别是半自动焊，电弧的自身调节作用较强，其原因是电极的电流密度大。

（2）变速送丝控制系统的熔化极电弧焊通常的埋弧焊（焊丝直径大于 3 mm）和一部分 MIG 焊的电弧静特性是平的，为了满足 $K_{dw}>0$，只能选择下降外特性的电源。因为这类焊接方法焊丝中的电流密度较小，自身调节作用不强，所以不能在弧长变化时维持焊接工艺参数稳定。应该采用变速送丝控制系统或称为电弧电压反馈自动调节系统，即利用电弧电压作为反馈量来调节送丝速度。当弧长增加时，电弧电压增大，电压反馈迫使送丝速度加快，使弧长得以恢复；当弧长减小时，电弧电压减小，电压反馈迫使送丝速度减慢，使弧长得以恢复。这种调节作用与电源外特性无关，通常之所以要选择较陡的下降外特性，为的是使弧长变化时引起的电流偏差较小，有利于焊接工艺参数的稳定，如图 4-8(b)所示。

3)非熔化极弧焊

非熔化极弧焊包括钨极氩弧焊(TIG)、非熔化极等离子弧焊以及非熔化极脉冲弧焊等。它们的电弧静特性工作部分呈平或略上升的状态，影响电弧稳定燃烧的主要参数是电流，而弧长变化不像熔化极电弧那样大，应尽量减小由外界干扰引起的电流变化，故采用具有陡降特性或恒流特性的电源，如图 4-8(a)和(b)所示。

三、对弧焊电源调节特性的要求

焊接时要按焊件材质、厚度、坡口形式和焊接位置等选用不同的焊接参数。与弧焊电源有关的焊接参数主要是电弧的工作电压 U_h 和电流 I_h，弧焊电源应能保证在所需的宽度范围内均匀而又方便地调节这两个参数，并能满足电弧稳定、焊缝成形好的工艺要求。

电弧电压 U_h 和电流 I_h 是由电弧静特性曲线与电源外特性曲线相交的一个稳定工作点决定的，对应一定的弧长，若能均匀地调节电源的外特性，就可以获得一系列稳定工作点，从而实现焊接参数的调节。

在稳定工作条件下，有下列关系：

$$U_h = U_0 - I_h Z \quad 或 \quad I_h = \frac{U_0 - U_h}{Z} \tag{4-6}$$

式中 U_h——电弧电压；

U_0——弧焊电源的空载电压；

I_h——电弧电流；

Z——焊接回路的等效阻抗。

从上列关系可以看出，如果给定电弧电压而调节电弧电流，或者给定电弧电流而调节电弧电压，都可以通过调节弧焊电源的空载电压和焊接回路的等效阻抗来实现。于是，在实际应用上有三种调节弧焊电源外特性的方式，见表 4-1。

表 4-1 调节弧焊电源外特性的方式

调节方式	U_0 不变，改变 Z		Z 不变，改变 U_0		U_0 和 Z 同时改变
	下降外特性	平外特性	下降外特性	平外特性	下降外特性
获得外特性曲线族	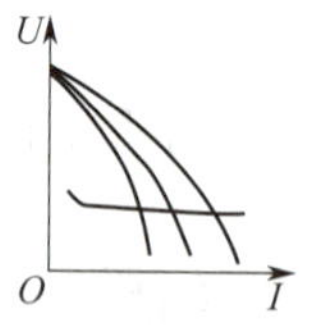	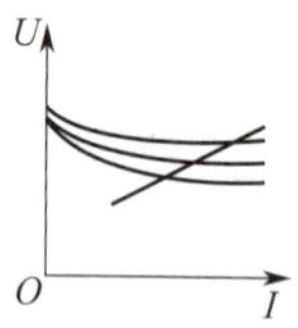	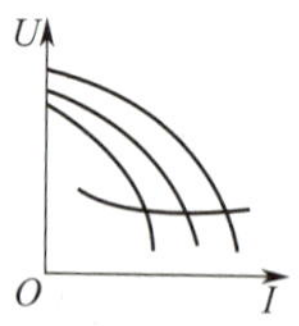	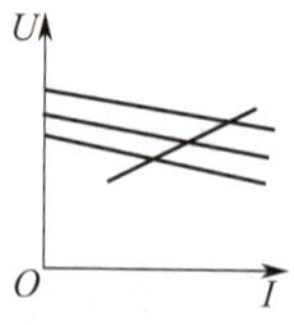	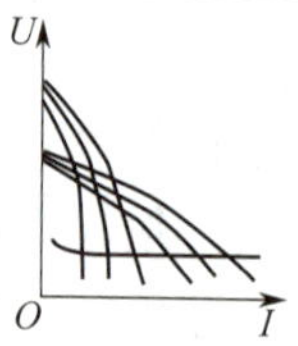
适用范围	焊条电弧焊	等速送丝气体保护焊	埋弧焊	等速送丝气体保护焊	小电流交流焊条电弧焊

四、对弧焊电源动特性的要求

前面讨论的是焊接电弧处于稳定工作状态下的情况，即电弧长度、电弧电压和焊接电流在较长时间内保持不变的情况。然而，在实际熔化极电弧焊时，电极(焊条或焊丝)要不断熔化形成熔滴，并过渡到熔池中去，这个过程称为熔滴过渡。在熔滴过渡中经常出现短路，这样就使电弧长度、电弧电压和焊接电流产生瞬间变化。因此，在熔化极电弧焊时，焊接电流对供电的弧焊电源来说是一个动态负载，这就需要对弧焊电源动特性提出要求。

所谓弧焊电源的动特性，是指电弧负载状态发生突然变化时，弧焊电源输出电压与电流的响应过程，可以用弧焊电源的输出电流 i_h 和电压 u_h 对时间的关系即 $i_h=f(t)$，$u_h=f(t)$来表示，可以反映弧焊电源对负载瞬变的适应能力。只有当弧焊电源的动特性合适时，才能获得预期有规律的熔滴过渡，且电弧稳定、飞溅小以及良好的焊缝成形，从而得到满意的焊缝质量。

对于普通的熔化极电弧焊，金属熔滴过渡的形式有三种：喷射过渡、粗滴过渡和短路过渡。其中，喷射过渡和粗滴过渡对弧焊电源的动特性没什么要求，而短路过渡则不然。短路过渡时，焊机电流密度很小，电弧电压较低，电弧弧长较短，电极端部的熔化金属在尚未成形成大体积的熔滴时就与熔池接触，即直接向熔池过渡，焊条电弧焊、细丝 CO_2 焊等均属于这种形式。不难看出，其电弧的动负载使弧焊电源常在空载、负载、短路三种状态之间转换，故需对弧焊电源动特性提出要求。

对直流弧焊电源的动特性参数要求如下。

1. 对瞬时短路电流峰值的要求

瞬时短路电流峰值 I_{sd} 是指当焊接回路突然短路时，输出电流的峰值，如图 4-9 所示。

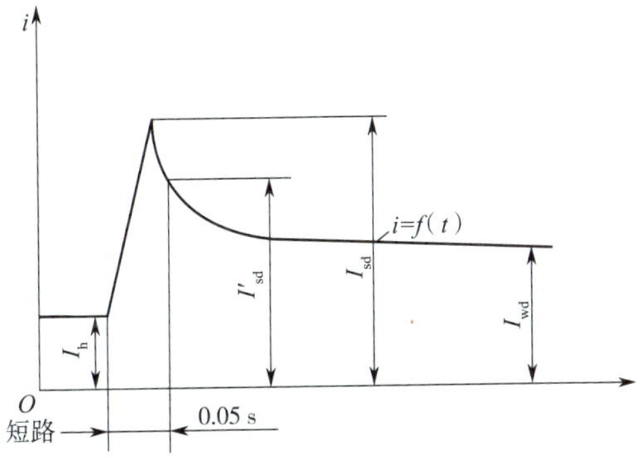

图 4-9　突然短路时 $i=f(t)$

在用直流弧焊电源进行焊条电弧焊时，为了增强和加速焊条与工件之间接触点的加热，改善引弧条件以及加速熔滴过渡，缩短弧焊电源处于短路过渡状态的时间，希望 I_{sd} 大一些。但是，为了避免焊条过热和工件烧穿，减少金属的损失和飞溅，避免弧焊电源过载，I_{sd} 又不能太大。

2. 对 0.05 s 瞬时短路电流的要求

0.05 s 瞬时短路电流是指从短路瞬时开始，经过 0.05 s 后的瞬时电流值，用 I'_{sd} 表示，以它与稳定短路电流之比（I'_{sd}/I_{wd}）来衡量。I'_{sd} 大，表示短路电流由峰值降下来的过程慢，短路电流冲击能量大，飞溅严重，动特性差。

3. 对短路电流上升速度的要求

短路电流上升速度是指短路电流由最低值上升到最大值 I_{sd} 与所用时间的比值，用 $\tan\alpha=di_{sd}/dt$ 来表示。当 $\tan\alpha$ 太小时，说明短路电流增加较慢，熔滴不能迅速过渡到熔池中去，甚至使电弧不稳，而引起断弧；当 $\tan\alpha$ 太大时，熔滴刚与熔池接触就形成颈缩，形成金属飞溅，焊缝成形不理想。

4. 对恢复电压最低值的要求

在直流焊条电弧焊开始引弧时，当焊条与工件短路被拉开后，即在由短路到空载的过程中，由于焊接回路内电感的影响，电源电压不能瞬间就恢复到空载电压 U_0，而是先出现一个峰值（时间极短），紧接着下降到电压最低值 U_{min}，然后逐渐升高到空载电压 U_0，如图 4-10 所示。这个电压最低值 U_{min} 就称为恢复电压最低值。

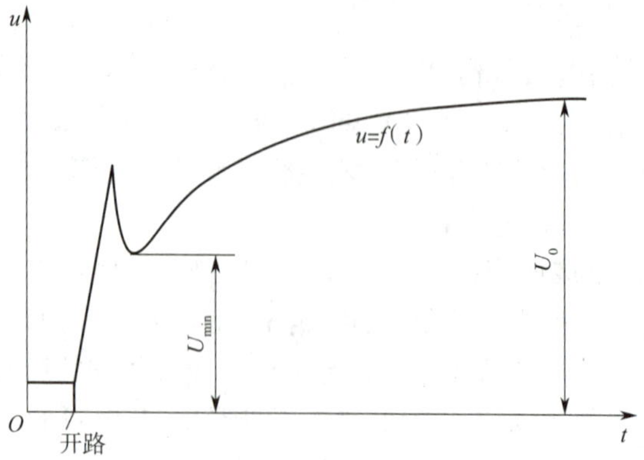

图 4-10　突然开路时 $u=f(t)$

如果 U_{min} 过小，即焊条与工件之间的电场强度过小，则不利于阴极电子发射和气体电离，使熔滴过渡后的电弧复燃困难。

综上所述，为保证电弧引燃容易和焊接过程稳定，并得到良好的焊缝质量，要求弧焊电源应具备对负载顺变的良好反应能力，即良好的动特性。

任务四 认识各类弧焊电源

一、弧焊变压器

1. 概述

弧焊变压器是一种特殊的变压器，其基本工作原理与一般的电力变压器相同。但为了满足弧焊工艺的要求，弧焊变压器还应具有以下特点：

（1）为保证交流电弧稳定燃烧，要有一定的空载电压和较大的电感；

（2）主要用于焊条电弧焊、埋弧焊和钨极氩弧焊，应具有下降的外特性；

（3）内部感抗值应可调，以进行焊接参数的调节。

2. 弧焊变压器的工作原理

弧焊变压器和一般电力变压器一样，具有变电压、变电流、变阻抗的功能。作为一种弧焊电源，根据变压器的原理，可以导出弧焊变压器的外特性方程式如下：

$$U_{\mathrm{h}}=\sqrt{U_0-I_{\mathrm{h}}^2X_Z^2} \quad \text{或} \quad I_{\mathrm{h}}=\frac{\sqrt{U_0^2-U_{\mathrm{h}}^2}}{X_Z} \tag{4-7}$$

式中 U_{h}——电弧电压；

U_0——空载电压；

I_{h}——焊接电流；

X_Z——变压器的总等效阻抗，且 $X_Z=X_L+X_K$，其中 X_L 和 X_K 分别表示变压器的漏抗值和电抗器的感抗值。

从式（4-7）可以看出，要使弧焊变压器获得下降的外特性，即电弧电压 U_{h} 随焊接电流 I_{h} 的增大而减小，变压器的总等效阻抗 X_Z 必须不能等于零。而要使弧焊变压器获得陡降的外特性，X_Z 必须比较大。然而，弧焊变压器要具有一定的总等效阻抗 X_Z，可以使变压器的漏抗值很小（$X_L\approx0$），依靠串联电抗器得到较大的感抗值 X_K；或使变压器具有较大的漏抗值 X_L，而不用串联电抗器（$X_K=0$）。当焊接电流增加时，在总等效阻抗 X_Z 上产生较大的电压降，从而获得下降的外特性，满足焊接工艺的要求。当改变 X_L 或 X_K 时，可得到一系列陡降度不同的外特性，以便于焊接参数的调节。

3. 弧焊变压器的分类

根据获得下降外特性的方法不同，可将弧焊变压器分为以下两大类。

1）正常漏磁式弧焊变压器

正常漏磁式弧焊变压器是由一台正常漏磁式（漏磁很小，可忽略）的变压器串联一个电抗器组成，所以又称为串联电抗器式弧焊变压器。根据电抗器与变压器的配合方式不同，正常漏磁式弧焊变压器可分为以下三类。

（1）分体式弧焊变压器：变压器与电抗器是相互分开的，两者之间用电缆串联在一起，没有磁的联系，仅有电的联系，故称为分体式，BN 系列和 BX10 系列属于这类弧焊变压器。

（2）同体式弧焊变压器：变压器与电抗器组成一个整体，两者之间不仅有电的联系，还有磁的联系，BX 系列和 BX2 系列属于这类弧焊变压器。

（3）多站式弧焊变压器：由一台三相平特性变压器并联多个电抗器组成，通常变压器的容量较大，可供多个工位同时使用，BP-3X500 型属于这类弧焊变压器。

2)增强漏磁式弧焊变压器

增强漏磁式弧焊变压器是人为地增加变压器自身的漏抗，使变压器本身兼起电抗器的作用，而无须外加电抗器。按结构特点，增强漏磁式弧焊变压器可分为以下三类。

(1)动圈式弧焊变压器：其一次绕组和二次绕组是相互独立，且有一定的距离，改变一次绕组与二次绕组之间的距离，可使漏抗发生变化，从而达到调节焊接参数的目的。这种弧焊变压器也称为动绕组式弧焊变压器，BX3 系列就属于这类弧焊变压器。图 4-11 所示为 BX3-500 交流焊机。

(2)动铁式弧焊变压器：其一次绕组与二次绕组之间加一个活动铁芯作为磁分路，以增大漏磁，即加大漏抗，通过改变动铁芯的位置可调节漏磁的大小，从而改变焊接参数。BX1 系列就属于这类弧焊变压器。图 4-12 所示为 BX1-315 交流焊机。

图 4-11　BX3-500 交流焊机

图 4-12　BX1-315 交流焊机

(3)抽头式弧焊变压器：其靠一次绕组与二次绕组之间耦合不紧密来增大漏抗，通过变换抽头改变漏抗，从而调节焊接参数。BX6 系列就属于这类弧焊变压器。

二、弧焊整流器

弧焊整流器是将交流电经过变压和整流后获得直流电输出的弧焊电源，它随着大容量高性能的整流元件和控制元件的发展而发展。弧焊整流器具有易于制造、便于维修、节省能源和材料、质量轻、成本低和效率高等优点，在有电力供应的条件下，已取代电动式直流弧焊发电机。

弧焊整流器广泛用于焊条电弧焊、埋弧自动焊、气体保护焊、等离子弧焊及切割的电源作为直流弧焊电源。

1. 弧焊整流器的组成

弧焊整流器将 50 Hz 的工频单相或三相交流电网电压，利用降压变压器将高电压降为焊接时所需的低电压，经整流器整流和输出电抗器滤波，从而获得直流电，对焊接电弧提供电能。为了获得脉动小、较平稳的直流电，以及使电网三相负荷均衡，通常采用三相整流电路。 弧焊整流器一般由主变压器、外特性调节机构、整流器、输出电抗器等部分组成，如图 4-13 所示。

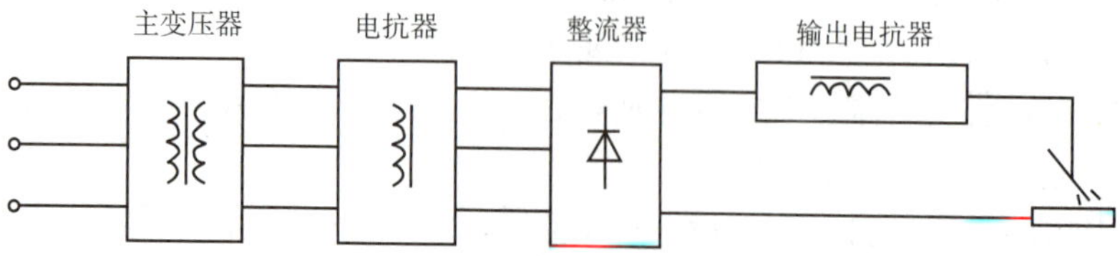

图 4-13　弧焊整流器组成框图

(1)主变压器的作用是降压,把三相 380 V 的交流电变成几十伏的三相交流电。一般来说,主变压器是一台三相整流变压器(有时称为三相焊接变压器)。

(2)外特性调节机构的作用是使弧焊整流器获得形状合适并且可以调节的外特性,以满足焊接工艺的要求。

(3)整流器的作用是把三相交流电变换成直流电,供给焊接使用。整流器常采用三相桥式电路,当焊接电流在 1 000 A 以上时,则多采用双反星形带平衡电抗器的整流电路。

(4)输出电抗器是接在直流回路中的一个带铁芯并有气隙的电感线圈,其作用主要是滤波和改善弧焊整流器的动特性。

此外,弧焊整流器中一般都装有风扇和指示仪表。其中,风扇用以加强上述各部分,特别是整流器件的散热;指示仪表用以指示输出电流或电压值。

2. 弧焊整流器的分类与应用

弧焊整流器大致可按以下几种情况分类。

1)按主电路和整流器件的不同分类

(1)硅弧焊整流器,如磁饱和电抗器式弧焊整流器。

(2)晶闸管式弧焊整流器,如 ZX5 系列。

(3)晶体管式弧焊整流器,如 QHT-80 等。

2)按外特性形状不同分类

(1)下降外特性(含缓降外特性和恒流外特性)弧焊整流器,其外特性是缓降或陡降的,主要用作焊条电弧焊、等速送丝埋弧焊、钨极氩弧焊、等离子弧焊接及切割的直流电源。

(2)平特性弧焊整流器,其外特性是平的或呈 L 形,主要用作 CO_2 气体保护焊及其他熔化极气体保护焊、等速送丝式埋弧焊或多站式焊条电弧焊的直流电源。

(3)多特性弧焊整流器,其具有下降和平硬两种外特性,可根据实际焊接需要任意选择,主要用作熔化极气体保护焊和埋弧焊的直流电源。

3)按外特性调节机构的作用原理分类

弧焊整流器按外特性调节机构的作用原理分类具体见表 4-2。

为了适应脉冲弧焊工艺发展的需要,用磁饱和电抗器式、晶闸管式、晶体管式弧焊整流器可制成各种类型的脉冲弧焊电源。

表 4-2 弧焊整流器按外特性调节机构作用原理分类

类型		外特性	结构特征	用途	部分型号
硅弧焊整流器	磁饱和电抗器式	平特性、下降特性或多特性;当形成平特性时,其空载电压高于工作电压,有时称为 L 形特性	在主变压器和硅弧焊整流器件之间加入磁饱和电抗器,特点是只要很小的控制电流即可获得较大的输出电流,调节方便,且可进行远距离控制,能自动补偿电网电压的波动,内部线路稍加改动即可得到不同的反馈,从而获得不同的外特性	焊条电弧焊、埋弧焊、气体保护焊	ZXG-300、400、500 ZPG1-500 ZPG2-500 ZDG-500-1
	动圈式或动铁式	下降特性,形状接近 1/4 椭圆	由动圈式(或动铁式)主变压器加硅弧焊整流器件组成	焊条电弧焊、钨极氩弧焊	ZXG1-160、250、400 ZXG6-300
	抽头式	平特性,空载电压与工作电压接近	由平特性变压器加硅弧焊整流器件组成,主变压器一次绕组没有抽头,以调节输出电压	细丝 CO_2 气体保护焊	ZPG-200 ZPG8-250
晶闸管式弧焊整流器		同磁饱和电抗器式	在主变压器后接晶闸管组,后者调节外特性	同磁饱和电抗器式	ZX5 系列 ZDK-160、500

3. 硅弧焊整流器

1）硅弧焊整流器的组成

硅弧焊整流器的组成如图 4-13 所示，其中的整流器为硅弧焊整流器。图 4-14 所示为 ZXG-400 焊机。

图 4-14　ZXG-400 焊机

2）硅弧焊整流器的基本原理

硅弧焊整流器是以大功率硅二极管作为整流元件，将交流电整流成直流电的弧焊电源，其基本原理框图如图 4-15 所示，即利用降压变压器 T 把 50/60 Hz 的单相或三相交流网路电压降为焊接所需的空载电压，经硅整流器 Z 整流和输出电抗器 L_{dc} 滤波，从而获得供焊接使用的直流电。

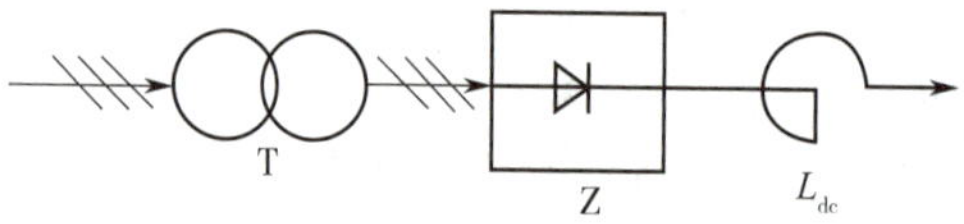

图 4-15　硅弧焊整流器基本原理框图

降压变压器以三相者居多，由于可使网路供电平衡，其输出脉动比单相要小。其一、二次绕组一般采用 Y/D 连接，即一次绕组接成星形，二次绕组接成三角形，以减少一次绕组的匝数和降低对导线绝缘的要求，并能减小二次绕组的导线截面面积。

硅弧焊整流器由大功率硅二极管组成，其作用是将交流电变成直流电，其电路多为单相或三相桥式整流电路。

输出电抗器是接在直流回路中的一个带铁芯并有气隙的电感线圈，起到滤波和改善动特性的作用，可使电弧燃烧稳定和减少飞溅。

为了获得焊接所要求的外特性和进行焊接电压和电流的调节，硅弧焊整流器中设有外特性调节机构。其通常有机械和电磁两种控制与调节方式，前者是利用机械方法改变降压变压器一、二次线圈之间的距离（如动圈式）或改变线圈匝数（如抽头式）进行控制与调节；后者是利用接在降压变压器和硅弧焊整流器之间的磁饱和电抗器（又叫磁放大器）进行电磁控制与调节。

3）硅弧焊整流器的分类

硅弧焊整流器可按有无电抗器分为无电抗器的硅弧焊整流器和有电抗器的硅弧焊整流器两类。

Ⅰ. 无电抗器的硅弧焊整流器

无电抗器的硅弧焊整流器按主变压器的结构不同又可分为以下两类。

（1）主变压器为正常漏磁的，这类电源的外特性是近于水平的，主要用于 CO_2 气体保护焊及其他熔化极气体保护焊。按调节空载电压的方法不同，其又可分为抽头式、辅助变压器式和调压式。

（2）主变压器为增强漏磁的，这类电源由于主变压器增强了漏磁，因而无须外加电抗器即可获得下降外特性并调节焊接参数。按增强漏磁的方法不同，其又可分为动圈式、动铁芯式和抽头式。

Ⅱ. 有电抗器的硅弧焊整流器

有电抗器的硅弧焊整流器所用的电抗器都是磁饱和电抗器式的。有电抗器的硅弧焊整流器按结构特点不同又可分为无反馈磁饱和电抗器式硅弧焊整流器和有反馈磁饱和电抗器式硅弧焊整流器；根据磁饱和电抗器的反馈形式，又可分为外反馈磁饱和电抗器式、全部内反馈磁饱和电抗器式和部分内反馈磁饱和电抗器式硅弧焊整流器等。

从硅弧焊整流器的组成分析中可知，无电抗器的硅弧焊整流器是在弧焊变压器原理的基础上发展起来的，属于比较简单的硅弧焊整流器，其对焊接参数的调节属于机械控制方法，往往需要通过调节动线圈、动铁芯或者抽头实现；有电抗器的硅弧焊整流器则属于电磁控制方法，对其外特性、参数调节和电流波形控制的灵活性有所发展。

4. 晶闸管式弧焊整流器

随着大功率晶闸管在 20 世纪 60 年代问世，弧焊电源相应地出现了晶闸管式弧焊整流器。由于其本身具有良好的可控性，因而对电源外特性形状的控制、焊接参数的调节都可以通过改变晶闸管的导通角来实现，而不需要用磁饱和电抗器，其性能优于磁饱和电抗器式弧焊整流源。国产晶闸管式弧焊整流器主要有 ZDK 系列和 ZX5 系列。图 4-16 所示为银象 ZX-500 直流焊机。

图 4-16　银象 ZX-500 直流焊机

1）晶闸管式弧焊整流器的组成

晶闸管式弧焊整流器的组成如图 4-17 所示。其中，主电路由主变压器 T、晶闸管整流器 UR 和输出电抗器 L 组成，C 为晶闸管的触发电路。当要求得到下降外特性时，触发脉冲的相位由给定电流 U_{gi} 和电流反馈信号 U_{fi} 确定；当要求得到平外特性时，触发脉冲的相位则由给定电压 U_{gu} 和电压反馈信号 U_{fu} 确定。此外，还有操纵和保护电路 CB。

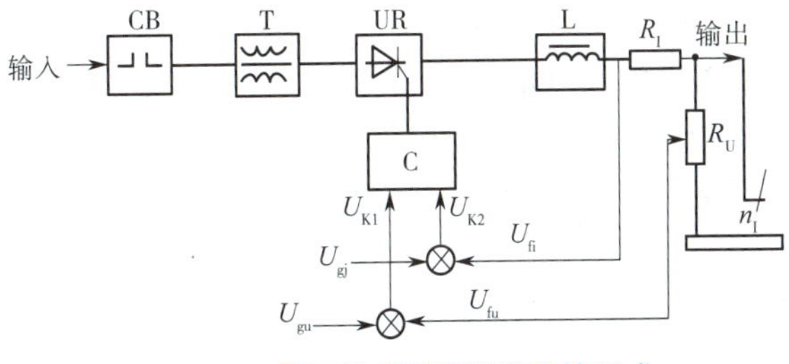

图 4-17　晶闸管式弧焊整流器的组成

2）晶闸管式弧焊整流器的基本原理

晶闸管式弧焊整流器的基本原理框图如图 4-18 所示。三相 50/60 Hz 网络电压由降压变压器 T 降为几十伏的电压，借助晶闸管 VTH 的整流和控制，经输出电抗器 L_{dc} 滤波和调节动特性，从而输出所需的直流焊接电压和电流。

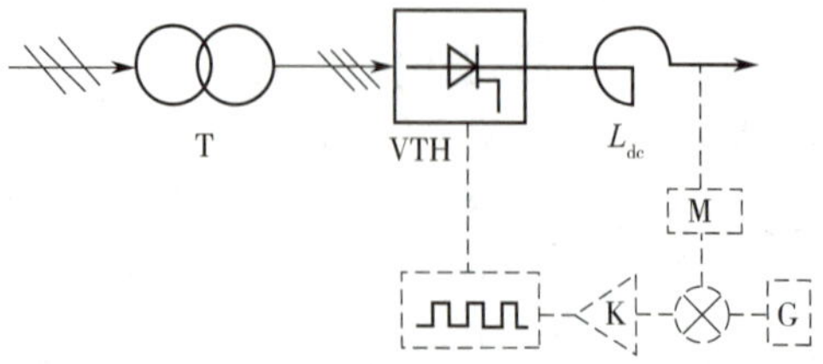

图 4-18　晶闸管式弧焊整流器的基本原理框图

利用电子触发控制电路和闭环反馈系统来控制外特性及实现焊接电压和电流的无级调节。图 4-18 中，M 为电流、电压反馈检测电路；G 为给定电压电路；K 为运算放大电路，它将反馈电压信号和给定电压比较后的电压进行放大并送到脉冲移相电路，从而实现对外特性的控制和工艺参数的调节。

3）晶闸管式弧焊整流器的主要特点

Ⅰ. 动特性好

晶闸管式弧焊整流器与硅弧焊整流器相比，内部电感小，故具有电磁惯性小、反应速度快的特点。当将其用于平特性电源时，可以满足所需的短路电流增长速度；当将其用于下降外特性电源时，不致有过大的短路电流冲击，且在必要时可以对其动特性指标加以控制和调节。

Ⅱ. 控制性能好

由于晶闸管式弧焊整流器可以用很小的触发功率来控制整流器的输出，并具有电磁惯性小的特点，因而易于控制。由于通过不同的反馈方式可以获得所需的各种外特性形状，电流、电压可在较宽的范围内均匀、精确、快速地调节，并且易于实现对电网电压的补偿，因此这种整流器可用作弧焊机器人的配套电源。

Ⅲ. 节能

晶闸管式弧焊整流器的空载电压较低，效率、功率因数较高，输入功率较小，因此可节约电能。

Ⅳ. 省料

与磁饱和电抗器式电源相比，晶闸管式弧焊整流器没有磁饱和电抗器，故可以节省材料，减轻质量。

Ⅴ. 电路复杂

除主电路和控制电路外，晶闸管式弧焊整流器还有触发电路，使用的电子元件较多，这对电源使用的可靠性有很大影响，同时对电源的调试和维修的技术要求较高。

Ⅵ. 存在整流波形脉动问题

晶闸管式弧焊整流器是通过改变晶闸管的导通角来调节电流和电压的，因而电流和电压波形的脉动比磁饱和电抗器式电源大。尤其是在下降外特性的情况下，其空载电压比工作电压要高得多，要求电压变化范围很大。空载时，晶闸管需要全导通，以输出高电压；负载时，则要求其导通角变得较小，以输出低电压。当导通角很小时，整流波形脉动加剧，甚至出现波形不连续，导致焊接电弧不稳定。该问题的解决方法是在晶闸管上并联二极管和限流电阻构成维弧电路。

4）晶闸管式弧焊整流器的应用范围

（1）平特性晶闸管弧焊整流器适用于熔化极气体保护焊、埋弧焊以及对控制性能要求较高的数控焊，还可作为弧焊机器人的电源。

（2）下降特性晶闸管弧焊整流器适用于焊条电弧焊、钨极氩弧焊和等离子弧焊。

5. 晶体管式弧焊整流器

1)晶体管式弧焊整流器概述

在晶体管式弧焊整流器中，大功率晶体管在弧焊电源的主电路中起线性放大器作用，而且输出直流电时，则称为模拟式晶体管式弧焊整流器，它输出的直流电平稳而没有纹波。由于其是利用电子线路对动特性进行控制，因而能实现无级调节，可最大限度减少飞溅。但其工作在放大状态时，通过的焊接电流大，管压降较高，故能耗大、效率低，需有冷却系统。若在主电路中晶体管起电子开关作用，输出中频脉冲，经滤波后成为直流电，则称为开关式晶体管式弧焊整流器。晶体管工作在开关状态下功耗很小、效率高，单位电流所用管子少，故造价低，但输出的直流电有一定纹波。

2)晶体管式弧焊整流器的特点

与晶闸管式弧焊整流器比，晶体管式弧焊整流器有下列优点：

(1)晶体管通断迅速，控制十分灵活、精确度高，模拟式晶体管式弧焊整流器可获得无波动的直流输出；

(2)可对外特性形状进行任意调节，以适应各种弧焊方法的需要；

(3)焊接参数(如焊接电流、电压和动特性等)调节范围宽，且能无级调节；

(4)弧焊回路时间常数小，动态反应速度快，模拟式动态反应时间仅有 30~50 μs，开关式动态反应时间为 300~500 μs，借助电子电抗器可实现少飞溅或无飞溅的焊接；

(5)抗干扰能力强，可对网络电压波动、温度变化和其他因素变化进行有效补偿，保证输出电压、电流稳定；

(6)对微机控制具有很强的适应能力。

但是，晶体管式弧焊整流器的效率相对较低，开关式一般为 60%~70%，模拟式仅为 50%左右，功率损耗大，而且电源重量大、成本高、维修难度大。

3)晶体管式弧焊整流器的应用

晶体管式弧焊整流器是一种焊接性能十分优良的弧焊电源，可以适应多种弧焊工艺方法的需要。其中，开关式晶体管式弧焊整流器输出电流有一定纹波，最适用于 TIG 焊和等离子弧焊；而模拟式晶体管式弧焊整流器输出电流没有波纹，反应速度特别快，最适用于熔化极气体保护焊，但由于耗电大，只在质量要求高的场合才采用。

三、脉冲弧焊电源

1. 脉冲弧焊电源的特点及应用范围

为焊接电弧提供周期性脉冲式电流的电源称为脉冲弧焊电源。脉冲弧焊电源是为焊接薄板和热敏感性强的金属材料及全位置焊接而设计的。脉冲弧焊电源最大的特点是能提供周期性脉冲焊接电流，包括基本电流(维弧电流)和脉冲电流，且可调节参数多，能有效控制焊接线能量和熔滴过渡。脉冲弧焊电源的应用范围很广泛，现已用于熔化极和非熔化极电弧焊、等离子弧焊等焊接方法中。图 4-19 所示为时代逆变 WSM-400 型直流脉冲氩弧焊机。

由于脉冲电流焊接可以精确地控制焊缝线能量，使熔池体积及热影响区减小，高温停留时间缩短，因而无论是薄板还是厚板，对普通金属、稀有金属及热敏性强的金属都有较好的焊接效果。采用脉冲电流焊接还能较好地控制熔滴过渡，可以用低于喷射过渡临界电流的平均电流来实现喷射过渡，在全位置自动焊上具有独特的优越性。

图 4-19　时代逆变 WSM-400 型直流脉冲氩弧焊机

2. 脉冲电流的获得方法

脉冲电流可以采用多种方法获得。早期的脉冲弧焊电流常采用在焊接主回路中加限流电阻和短接装置(机械开关)的方法获得，但是这种方法存在脉冲频率低、设备寿命短、可靠性低的缺点。现在，随着科技的发展，已普遍采用大功率电子开关元件，通过阻抗变换和脉冲给定值等方法获得脉冲电流。归纳起来有以下三类常用的脉冲电流获得方法。

1)利用硅二极管的整流作用获得脉冲电流

如图 4-20 所示，脉冲弧焊电源采用硅二极管单相整流器提供脉冲电流，可获得 100 Hz 和 50 Hz 两种频率的脉冲电流。

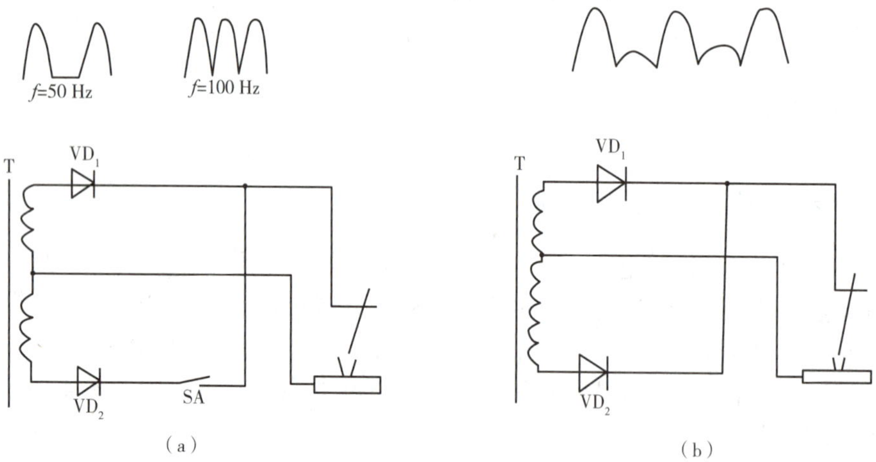

图 4-20　利用硅二极管的整流作用获得脉冲电流示意图

(a)变压器二次绕组等匝　(b)变压器二次绕组不等匝

2)利用电子开关获得脉冲电流

如图 4-21 所示，在普通直流弧焊电源的交流侧或直流侧接入电子开关(如晶闸管断续器或大功率晶体管)，利用它们的周期通断获得脉冲电流。

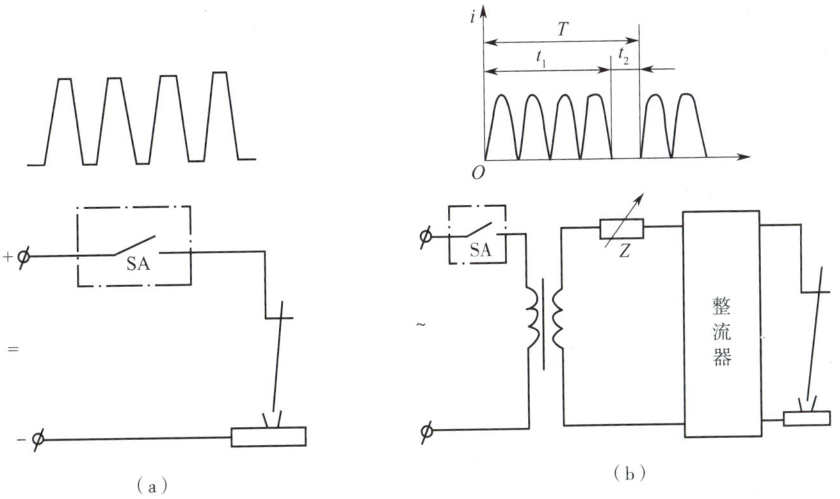

图 4-21　利用电子开关获得脉冲电流示意图

(a)在直流侧设电子开关　(b)在交流侧设电子开关

SA—控制开关

3)利用阻抗变换获得脉冲电流

如图 4-22 所示,通过变换普通直流电源交流侧或直流侧的阻抗值,或使三相阻抗不平衡($Z_1 \cdot R \cdot Z_2$)可获得脉冲电流。

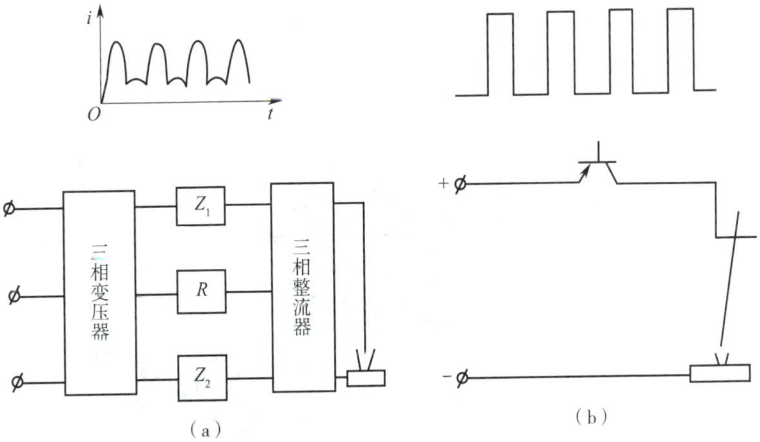

图 4-22　利用阻抗变换获得脉冲电流示意图

(a)变换交流侧阻抗　(b)变换直流侧阻抗

3. 脉冲弧焊电源的分类、特点及应用

1)脉冲弧焊电源的分类

脉冲弧焊电源可按不同的方式分类,最常见的是按获得脉冲电流所用的主要器件不同来分类,可分为以下四类。

(1)单相整流式脉冲弧焊电源:利用晶体二极管单相半波或单相全波整流电路来获得脉冲电流。

(2)磁饱和电抗器式脉冲弧焊电源:在普通磁饱和电抗器式弧焊整流器的基础上发展而来,按获得脉冲电流的方式不同又可分为阻抗不平衡型和脉冲励磁型。

(3)晶闸管式脉冲弧焊电源:在普通弧焊整流器的交流侧或直流侧接入大功率晶闸管断续器而成,按构成的方式不同又可分为交流断续器式和直流断续器式。

(4)晶体管式脉冲弧焊电源:在焊接主回路中接入大功率晶体管(或晶体管组),起电子开关或可控电阻的作用,从而获得脉冲电流。

2)脉冲弧焊电源的特点

各类脉冲弧焊电源有如下共同特点：

(1)提供周期性变化的脉冲式焊接电流，可以精确地控制电弧功率及焊接熔池的形状和尺寸；

(2)可调节的焊接参数多，如基本电流大小、脉冲电流的幅值、脉冲的频率、脉冲电流的宽度、脉冲电流的上升速度和下降速度等，且均可无级调节；

(3)可以利用普通弧焊电源改造而成。

3)脉冲弧焊电源的应用

脉冲弧焊电源适用范围广泛，主要有下列几个方面：

(1)各种气体保护焊、等离子弧焊、焊条电弧焊等；

(2)可以焊接厚度仅几十微米的超薄金属板，也可以借助窄间隙脉冲气体保护焊焊接厚 150 mm 的大焊件，厚薄相差悬殊的两工件也能焊接；

(3)除可用于焊接普通金属及低合金材料外，还适用于普通电弧焊难以胜任的对热输入敏感的高合金钢或稀有金属的焊接；

(4)全位置自动焊，如工程中固定管道对接环缝的自动焊最为适用。

四、弧焊逆变器

1. 弧焊逆变器概述

直流—交流的变换称为逆变，实现这种变换的装置称为逆变器。为焊接电弧提供电能，并具有弧焊方法所要求性能的逆变器，即为弧焊逆变器。图 4-23 所示为松下 YD-350GR4 全数字逆变焊机。

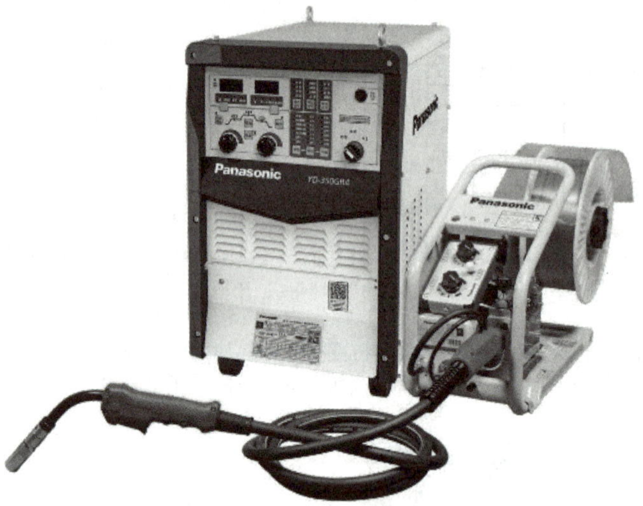

图 4-23　松下 YD-350GR4 全数字逆变焊机

自 20 世纪 70 年代初以来，随着大功率电子元件和集成电路技术的发展，使先进的中频逆变技术得到迅速推广和应用，从应用于中频加热、稳压电源、电化学加工，发展到应用于电弧焊接、电阻焊接和电子束焊接等。第一台晶闸管式弧焊逆变器于 1978 年问世，1981 年又出现了晶体管式弧焊逆变器，1982 年我国学者在实验室首先初步研制成功了场效应管式弧焊逆变器，1989 年在德图埃森世界焊接与切割博览会上又展出了 IGBT 式弧焊逆变器。由于逆变式弧焊电源具有节省材料和电能等突出优点，现在各种类型的弧焊逆变器已相继研制成功，并逐步应用于各种弧焊方法，因此弧焊逆变器是一种很有发展前途的新型弧焊电源。

2. 弧焊逆变器的组成及作用

弧焊逆变器的基本组成框图如图 4-24 所示，它的主要组成及其作用如下。

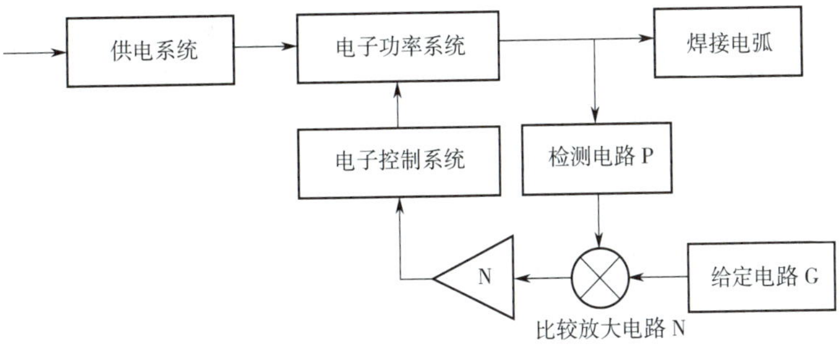

图 4-24 弧焊逆变器的基本组成框图

1)主电路

主电路由供电系统、电子功率系统和焊接电弧等组成。

供电系统把工频交流电经整流器变换为直流电供给电子功率系统(逆变器)。此外，还通过变压、整流、滤波及稳压系统对电子控制系统提供所需的各组不同大小的直流稳压电源。

电子功率系统是弧焊逆变器的逆变器主电路，起开关、变换电参数(电压、电流及波形)的作用，并以低电压、大电流向焊接电弧提供所需的电气性能和工艺参数。这里必须指出，一个电子功率系统，其本身并不能焊接，必须与电子控制系统结合起来才能焊接。也就是说，只有两者的结合才能对焊接电弧提供所需的电气性能和焊接参数。

2)电子控制系统

对电子功率系统提供足够大的、按电弧所需变化规律的开关脉冲信号，驱动逆变主电路的工作。确切地说，电子控制系统用于产生焊接电弧所需的外特性和动特性，其主要组成是静态单元和动态单元，且往往包括驱动电路。

3)反馈给定系统

反馈给定系统由检测电路 P、给定电路 G、比较放大电路 N 等组成。检测电路 P 主要用于提取电弧电压和电流的反馈信号；给定电路 G 用于提供给定信号，决定对电弧提供焊接参数的大小；比较放大电路 N 用于把反馈信号与给定信号比较后进行放大，并与电子控制系统一起，实现对弧焊逆变器的闭环控制，并使电子控制系统获得所需的外特性和动特性。

3. 弧焊逆变器的基本工作原理

弧焊逆变器的基本工作原理框图如图 4-25 所示。

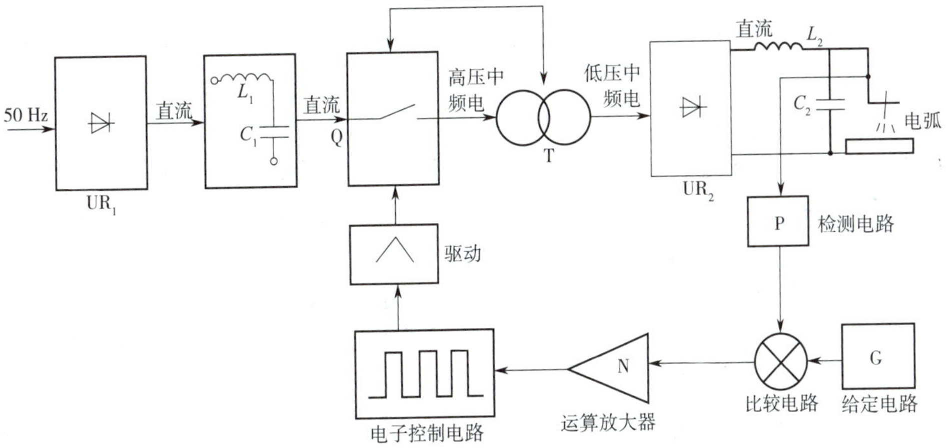

图 4-25 弧焊逆变器的基本工作原理框图

在供电系统中，单相或三相交流电网电压，经输入整流器 UR_1 整流和滤波器 L_1C_1 滤波后获得逆变器 UI 所需的平滑直流电压。该直流电压在电子功率系统中经逆变器的大功率开关器件（晶闸管、晶体管、场效应晶体管或 IGBT）组 Q 的交替开关作用，变成几千至几万赫兹的高压中频电，再经中频变压器 T 降至适合于焊接的低压中频电，并借助于电子控制系统的控制驱动电路和给定反馈电路（P、G、N 等组成）及焊接回路的阻抗，获得焊接工艺所需的外特性和动特性。如果需要采用直流电进行焊接，还需经整流器 UR_2 整流和 L_2C_2 的滤波，把中频交流电变成稳定的直流输出。

弧焊逆变器主电路的基本工作原理可以归纳为工频交流（AC）→直流（DC）→高、中频交流（AC）→降压→交流（AC）→直流（DC），必要时再把直流变成矩形波交流（AC）。

因而，在弧焊逆变器中可采用三种逆变体制：

（1）AC → DC → AC；

（2）AC → DC → AC → DC；

（3）AC → DC → AC → DC → AC（矩形波）。

目前，常采用的是第二种逆变体制，在国外常把它称为弧焊整流器、逆变式弧焊整流器或逆变式弧焊电源；第三种逆变体制也有不少应用，主要用在铝合金的焊接，由于它最终输出的是矩形波交流电，故被称为逆变式矩形波交流弧焊电源或矩形波交流弧焊逆变器。

4. 弧焊逆变器的分类

目前，主要按所用的大功率开关器件对弧焊逆变器进行分类和命名，按其发展先后顺序已有表 4-3 所列 4 种。

各类逆变弧焊电源的逆变原理是相同的，仅由于所用的大功率开关器件不同，而在主电路和控制电路上略有差别。

表 4-3 弧焊逆变器的种类

序号	种类名称	所用的大功率开关器件	工作频率/kHz
1	晶闸管式弧焊逆变器	快速晶闸管（FST）	0.5~5
2	晶体管式弧焊逆变器	开关晶体管（GTR）	可达 50
3	场效应管式弧焊逆变器	功率场效应管（MOSFET）	20
4	绝缘栅双极晶体管式弧焊逆变器	绝缘栅双极晶体管（IGBT）	10~30

5. 弧焊逆变器的特点

各类逆变弧焊电源有如下共同特点。

（1）体积小、质量轻和节省材料。弧焊电源的体积和质量的 70%~80%取决于变压器和电抗器，而变压器和电抗器铁芯截面面积与工作频率成反比，工作频率越高，所需截面面积越小，逆变弧焊电源的中频变压器工作频率比工频高 40~60 倍，故所需截面面积远比工频变压器小。

（2）高效节能。由于中频变压器和输出电抗器的体积和质量大为减少，它们的铜损、铁损随之减少。此外，开关控制比模拟控制功率损耗小，而且逆变器电路中均有起储能作用的电容器，可明显减少无功损耗，故其效率可高达 80%~90%，功率因数可达 0.99，节能效果显著。

（3）具有良好的动特性和弧焊工艺性能。弧焊逆变器属于电子控制型弧焊电源，采用电子控制电路，可根据不同焊接工艺要求，获得最合适的外特性形状。又因频率提高，可以减少输出端滤波电感，进而减小焊接回路的时间常数，有利于获得良好的动特性，保证良好的焊接工艺性能。

（4）调节速度快。传统弧焊电源工作频率（50 Hz）有限，控制周期长，晶闸管式弧焊整流器最短也只有 3.3 ms，而 30 kHz 的逆变弧焊电源中控制周期缩短为 33 μs，两者相差两个数量级，使整机具有很高的动态响应，能进行高速控制，对所有焊接参数都可无级调节。

（5）可实现微机或单旋钮控制与调节。

（6）制造技术要求较高，对大功率开关电子器件质量要求严格。

由于大功率电子开关器件之间存在区别，因而分别用于制作的弧焊逆变器除具有前述的共同特点外，还各具特点。

（1）晶闸管式弧焊逆变器使用的是快速晶闸管，属于双极型半控器件，一般采用 PFM 调制方式控制，其逆变频率仅为 2 000~5 000 Hz。其优点是单管容量大、过载能力强、管子生产技术成熟、造价较低；缺点是工作频率低，体积比其他弧焊逆变器大，关断困难，电弧有噪声。选用快速晶闸管时要注意：其额定电压值应比实际工作时的可能最大电压大 2~3 倍；其额定电流是实际最大电流的 1.5~2 倍，使其有一定的电流裕量；使用时，需有散热器。

（2）晶体管式弧焊逆变器使用的是大功率开关晶体管，属于双极型全控器件，一般采用 PWM 调制方式控制，其逆变频率一般在 16 kHz 以上，可高达 50 kHz，且管子开关时间短，其有自关断能力。优点是工作频率高，有利于减轻质量和减小体积，控制方便，容易获得任意外特性和无级调节参数，无关断困难；缺点是管子容量小，需多管并联使用，管子有负温度系数，需解决均流问题，热稳定性不理想，且过载能力弱，有二次击穿问题，由于属于电流控制型，需设驱动电路，电路较复杂，制造与维修技术难度大。对开关晶体管的要求是高电压、大电流、适当的增益和低的功率损耗。

（3）场效应管式弧焊逆变器使用的是功率场效应管，属于单极型全控器件，一般采用 PWM 调制方式控制，其工作频率在 20 kHz 左右。其优点是管子过载能力强，有正温度系数，能自动调节电流的均衡，热稳定性好，由于属于电压控制型，控制电路简单，没有关断困难和二次击穿现象；缺点是管子容量小，需并联工作，一般在小电流逆变弧焊电源中使用，成本较高。

（4）IGBT 式弧焊逆变器使用的是 IGBT，属于复合型全控器件，一般采用 PWM 调制方式控制，其工作频率为 10~30 kHz。其优点是管子电流密度高，载流容量大，通常为晶体管的 1. 5 倍，且为场效应管的 5~10 倍；开关损耗小，仅为晶体管的 1/3 左右，安全工作区宽，无二次击穿现象，属于电压驱动型，驱动功率小，输入阻抗高，可降低对门极驱动电路的要求，以及高的开关速度，控制灵活方便；缺点是输入阻抗高，对静电放电敏感，需有防止措施，有擎柱现象。

6. 弧焊逆变器的应用

弧焊逆变器由于具有优良的电气性能和良好的控制性能，容易获得多种形状的外特性曲线和不同种类的电弧电压、电流波形（直流、脉冲、矩形波交流等）以及良好的动特性，并能输出 1 000 A 以上的焊接电流，因此弧焊逆变器几乎可以取代现有的一切弧焊电源。弧焊逆变器可用于焊条电弧焊、TIG 焊、MAG/CO_2/MIG/药芯焊丝焊、等离子弧焊与切割、埋弧焊、机器人焊接等各种焊接方法，也可用于焊接各种金属材料及其合金，特别适用于工作空间小、高空作业、需较多移动焊机、用电紧缺等场合。

五、数字化弧焊电源

数字化焊接电源是数字化电源的一种，或者说是数字化电源在焊接中的应用。电源数字化的含义实际上是比较模糊的，因为从根本上来说，电源都是模拟的。甚至用 ADC 和 DSP 取代误差放大器和脉冲宽度调制器的数字化开关电源也仍然需要电压基准、电流检测电路和 IGBT 或 MOSFET 驱动器。此外，从现有知识和技术的角度来看，电感器或变压器和电容器在实现数字化电源时也是不能缺少的。因此，从这个意义来看，数字化电源只是一种采用数字化电源控制器的电源。

在数字化焊接电源中的主电路与传统电源相同，只是电源的核心控制部分由数字化控制器取代传统的硬件电路。这里所说的核心控制部分是指调制方式和反馈控制两部分。以逆变电源为例，就是逆变电源中的 PWM 和外特性控制与 PI 调解器部分。因此，严格地讲，数字化电源技术实质是电源控制技术数字化，它的核心技术是采用数字信号处理器替代硬件电路构成的模拟反馈控制电路（PI 调节器）和 PWM 调制电路。

数字信号处理器是一种具有高速运算和数据处理能力的微处理器,因此可以把原来电源控制电路中的由运算放大器和阻容元件组成的PI闭环反馈控制电路用算法代替,即实现数字PI调节过程,这就是数字化电源控制器的核心。至于PWM及其适应不同拓扑结构的控制电路可由CPLD实现。另外,一些专门为电源和电机控制设计的DSP芯片具有PWM输出功能。

数字化焊接电源是很重要的发展趋势,以前用模拟技术开发的复杂系统可以用数字技术开发,但是数字化电源不能代替所有的模拟电源。数字化焊接电源的发展也面临一些难题,现阶段最主要的是成本问题。另外,在较简单的焊接电源系统方面,数字电源并没有优势,因为功率器件的驱动电路、模拟信号的反馈电路等都不能简化,而且考虑到满足DSP芯片在焊接电源恶劣工作环境下的可靠性所必需的抗干扰措施,如电源与信号的隔离等问题,还需要很多附加的硬件电路。因此,在现在和今后一段时间内,数字化焊接电源最主要应用于脉冲MIG焊和低飞溅短路过渡控制。数字化电源与传统的硬件电路构成的PWM信号发生器和PI控制器相比,其最大优点是基于软件方式实现的控制器具有更大的灵活性,其具体表现为在脉冲MIG焊时,用数字化的方法可以输出复杂的波形,同时可以满足复杂的电源外特性控制;在短路过渡控制中,可以精确控制短路电流波形,最大限度地降低飞溅量。因此,数字化电源的主要意义在于实现高精度的熔滴过渡过程控制。

任务五 弧焊电源的选择

弧焊电源是焊接电弧能量的提供装置，其性能和质量直接影响到电弧燃烧的稳定性，进而影响到焊接质量。不同类型的弧焊电源，其使用性能和经济性存在差异，主要区别见表4-4和表4-5。所以，只有根据不同工况正确选择弧焊电源，才能确保焊接过程顺利进行，并在此基础上获得良好的接头性能和较高的生产效率。

表4-4 交、直流弧焊电源特点比较

项目	交流弧焊电源	直流弧焊电源
电弧稳定性	低	高
极性可换性	不存在	存在
磁偏吹	很小	较大
空载电压	较高	较低
触电危险	较大	较小
构造和维修	简单	复杂
噪声	不大	整流器小，逆变器更小
成本	低	高
供电	一般单相	一般三相
质量	较轻	较重，逆变器最轻

表4-5 弧焊电源经济性比较

主要指标	弧焊变压器	弧焊整流器	弧焊逆变器
每kg熔敷金属消耗电能/(kW·h)	3~4	3.4~4.2	2
效率η	0.65~0.90	0.60~0.75	0.8~0.9
功率因数$\cos\varphi$	0.3~0.6	0.65~0.70	0.85~0.99
空载时功率因数	0.1~0.2	0.3~0.4	0.68~0.86
空载电能消耗/(kW·h)	0.2	0.38~0.46	0.03~0.1
制造材料相对消耗/%)	30~35	35~40	8-13
生产弧焊电源的相对工时/%	20~30	50~70	—
相对价格/%	30~40	105~115	—
每台占用面积/m^2	0.25~0.3	0.45~0.9	0.11~0.13

选择弧焊电源时，一般应考虑以下几方面：

(1)焊接电流的种类；

(2)焊接工艺方法；

(3)弧焊电源的功率；

(4)工作条件和节能要求。

一、根据焊接电流种类选择弧焊电源

焊接电流有直流、交流和脉冲等三种基本种类，相应的弧焊电源有直流弧焊电源、交流弧焊电源和脉冲弧焊电源。一般可按技术要求、工作条件和经济效果等综合考虑，以便合理地选择弧焊电源的种类。

1. 从技术要求考虑

一般情况下，焊接普通低碳钢、民用建筑等产品以及惰性气体保护焊等，选用交流弧焊电源即可。

在某些情况下，应选用直流弧焊电源。例如，有些产品（如合金钢、铸铁和非铁金属等结构）要求用直流弧焊电源才能施焊；有些焊接工艺要求较大的熔深（如高压管道的焊接）；CO_2 焊采用活性气体保护，且没有保护剂；在水下进行的湿式电弧焊；有些场合要求弧焊电源除用于焊接外，还用于碳弧气刨、等离子切割等工艺。在上述情况下，都应该采用直流弧焊电源。在直流弧焊电源中，弧焊整流器较直流弧焊发电机有更多的优点，因而直流弧焊发电机已被淘汰。近些年来，晶闸管弧焊整流器、弧焊逆变器等新型弧焊电源大量出现，由于这些弧焊电源具有许多优点，因而被大量使用。

在焊接热敏感性大的合金钢、薄板结构、厚板的单面焊双面成形和全位置自动焊中，采用脉冲弧焊电源较理想。

2. 从工作条件考虑

有的单位电网电源容量小，要求三相均衡用电，则宜选用直流弧焊电源；在小单位或实验室，当设备数量有限而焊接材料种类又较多时，可选用交、直流两用弧焊电源。

3. 从经济效果考虑

从表 4-4 和表 4-5 可以看出，一般交流弧焊电源相比直流弧焊电源具有结构简单、制造方便、使用可靠、维修容易、效率高、成本低等一系列优点，因此在满足技术要求前提下应优先选用交流弧焊电源。

二、根据焊接工艺方法选择弧焊电源

1. 焊条电弧焊

一般焊条电弧焊电弧的静特性曲线工作在水平段，要求采用下降外特性的弧焊电源。

采用酸性焊条焊接一般金属结构时，应选用弧焊变压器，如动铁芯式、动圈式和抽头式弧焊变压器（BX1-300、BX3-300-1、BX6-120-1 等）；采用碱性焊条焊接较重要的结构钢以及铸铁、铝合金、铜合金等，应选用直流弧焊电源，如弧焊整流器（ZXG-400、ZXG1-250、ZX5-250、ZX5-400、ZDK-500、ZX7-400 等）。

在一般生产条件下，焊条电弧焊普遍采用单站式。在大型焊接车间以及多工位且集中情况下，可选用多站式弧焊变压器（BP-3X500 型），甚至可以采用特制的几十头甚至上百头弧焊整流器。

2. 埋弧焊

埋弧焊电弧处于静特性曲线的水平段或略上升段。当等速送丝时，宜选用较平缓的下降外特性；当变速送丝时，则选用陡降外特性。

埋弧焊一般选择容量较大的弧焊变压器，如同体式弧焊变压器（ZX2-500、ZX2-1000）；当产品质量要求较高时，应选用弧焊整流器或矩形波交流弧焊电源。

3. 氩弧焊

钨极氩弧焊要求选用陡降外特性或恒流外特性的交流弧焊电源或直流弧焊电源。焊接铝、镁及其合金时，为清除氧化膜并减轻钨电极的烧损，需采用交流弧焊电源，如弧焊变压器，最好采用矩形波交流弧焊电源；焊接其他材料时，最好采用直流弧焊电源，如弧焊逆变器、弧焊整流器，且采用直流正接可减轻钨电极的烧损。

对等速送丝的熔化极氩弧焊应选用平特性的弧焊整流器或弧焊逆变器；对变速送丝的熔化极氩弧焊应选用下降特性的弧焊整流器或弧焊逆变器；对铝及其合金的熔化极氩弧焊应选用矩形波交流弧焊电源。

对要求较高的钨极氩弧焊或熔化极氩弧焊，应选用脉冲弧焊电源作为脉冲焊用。

4.CO_2 气体保护焊

对于 CO_2 气体保护焊，一般选用平特性或缓降特性的弧焊整流器（如 ZPG1-500、ZPG7-1000）或弧焊逆变器，且一般采用直流反接。

5. 等离子弧焊

对于等离子弧焊，一般多为非熔化极，应选用陡降或垂直陡降特性的直流弧焊电源，如弧焊整流器或弧焊逆变器等。

6. 脉冲弧焊

脉冲等离子弧焊和脉冲氩弧焊一般可选用单相整流式脉冲弧焊电源，对要求较高的场合，可选用晶闸管式、晶体管式、逆变式脉冲弧焊电源。

从上述内容可知，一种焊接工艺方法并非一定要选用一种形式的弧焊电源，但是被选用的弧焊电源必须满足该种焊接工艺方法对电气性能的要求（其中包括外特性、调节特性、空载电压和动特性）。如果某些电气性能得不到满足，可通过改装的方式来实现，这说明弧焊电源具有一定的通用性。

三、根据弧焊电源功率选择弧焊电源

1. 粗略确定弧焊电源的功率

焊接时主要的工艺参数是焊接电流，为简便起见，可按电流确定功率，按所需的焊接电流对照弧焊电源型号后面的数字来选择容量，如 BX1-300 后面的数字“300”表示额定焊接电流为 300 A，只要实际焊接电流小于这个数值即可。

2. 根据负载持续率确定需用焊接电流

弧焊电源能输出多大功率（电流值），主要是由其发热程度来确定的。当发热严重时，温升过高，弧焊电源的绝缘可能受到破坏，甚至烧坏有关元件或整机。因而，在弧焊电源标准中对于不同绝缘级别规定了相应的允许温升。

弧焊电源的允许温升除取决于焊接电流的大小外，还取决于负载状态。当焊接电流一定时，长时间连续焊接，温升就高；间歇焊接，温升就低。因此，同一容量的电源在断续焊比在连续焊允许使用的焊接电流值大，这就是负载持续率对焊接电流许用值的影响。

弧焊电源的负载持续率是指弧焊电源负载运行持续时间占工作周期的比例，用符号 FS 表示，其数学表达式为

$$FS = \frac{t}{T} \times 100\% \tag{4-8}$$

式中 T——弧焊电源的工作周期，是负载与空载时间之和；

t——负载运行持续时间。

例如，弧焊电源工作周期为 5 min，负载运行持续时间为 3 min，空载（休止）时间为 2 min，则 $FS = 60\%$。相关标准所规定的负载持续率为额定负载持续率，以 FS_e 表示，有 15%、25%、40%、60%、80%、100%等

六种。其中，焊条电弧焊电源一般取 60%；轻便弧焊电源一般取 15%或 25%；自动、半自动弧焊电源一般取 100%或 60%。

弧焊电源铭牌上规定的额定电流是指在额定负载持续率 FS_e 时允许使用的焊接电流 I_e，即在额定负载持续率 FS_e 下以额定焊接电流 I_e 工作时，弧焊电源不会超过它的允许温升。

根据发热量相同的原则，便可求出不同负载持续率 FS 下的许用焊接电流，即

$$Q = 0.24I_A^2Rt_A = 0.24I_B^2Rt_B \tag{4-9}$$

则

$$I_B = I_A\sqrt{\frac{t_A}{t_B}} = I_A\sqrt{\frac{FS_A}{FS_B}} \tag{4-10}$$

可见，若已知 A 种情况下的额定值，则可推导出 B 种情况下的许用电流计算公式，即

$$I = I_e\sqrt{\frac{FS_e}{FS}} \tag{4-11}$$

当实际的负载持续率比额定负载持续率大时，许用的焊接电流比额定焊接电流小；反之，比额定焊接电流大。

例如，已知某弧焊电源，额定负载持续率 FS_e= 60%，输出额定电流 I_e=500 A，可按式（4-11）求出在其他 FS 下的许用电流，见表 4-6。

表 4-6　不同负载持续率下的许用焊接电流

FS	50%	60%	80%	100%
I/A	548	500	433	387

3. 额定容量（功率）

弧焊电源铭牌上一般都标有“额定容量”或“额定输入容量”等字样。额定容量 S_e 是电网必须向弧焊电源提供的额定视在功率。对弧焊变压器来说，它等于额定一次电压 U_{1e}（V）与额定一次电流 I_{1e}（A）的乘积，即

$$S_e = U_{1e}I_{1e} \tag{4-12}$$

因此，根据铭牌上的额定容量及一次电压值，不但可以对电网的供电能力提出要求，还可以推算出一次额定电流大小，以便选择动力线直径及熔断器规格。

值得提出的是，弧焊电源铭牌上的额定容量是指视在功率，而实际运行中弧焊电源到底能输出多大有功功率还取决于焊接回路的功率因数。功率因数是输出有功功率与视在功率的比值。弧焊变压器在额定状态下输出的有功功率为

$$P_e = U_{1e}I_{1e}\cos\varphi = S_e\cos\varphi \tag{4-13}$$

S_e 是指额定负载持续率 FS_e 下的额定容量，若 FS 不同，对应的容量 S 可用下式换算：

$$S = S_e\sqrt{\frac{FS_e}{FS}} \tag{4-14}$$

4. 估算功率因数 cos φ

在焊接回路中，消耗有功功率的主要对象是焊接电弧，即电弧是焊接回路中的主要负载，因此可以使

$$\cos\varphi \approx \frac{U_h}{U_0} \tag{4-15}$$

由式（4-15）可知，在弧焊电源额定工作电压一定的情况下，空载电压 U_0 越高，功率因数越低。因此，弧焊电源铭牌上若注明额定工作电压及空载电压 U_0，就可以估算出额定工作状态下的功率因数，判定该电源

对电网的利用情况，作为选用弧焊电源经济性的参考。

四、根据工作条件和节能要求选择弧焊电源

一般条件下，普遍采用单站式弧焊电源。对大型焊接车间，如在船体车间焊接站数多且集中，可采用多站式弧焊电源，对各个焊接工位集中供电。

对维修场合，由于焊缝不长、连续使用时间较短，可选用负载持续率较低的弧焊电源，如采用负载持续率 *FS* 为 40%、25%甚至 15%的弧焊电源，必要时可采用降低空载电压损失的装置。

从节能角度出发，尽可能选用高效节能的弧焊电源，如首选弧焊逆变器，其次选弧焊整流器或弧焊变压器。

五、弧焊电源附件的选择

下面以应用最广的焊条电弧焊为例，简介弧焊电源附件的选择。图 4-26 所示为焊条电弧焊主回路示意图。由图可见，除弧焊电源外，还有电缆、熔断器、开关等附件。下面介绍有关附件的选择。

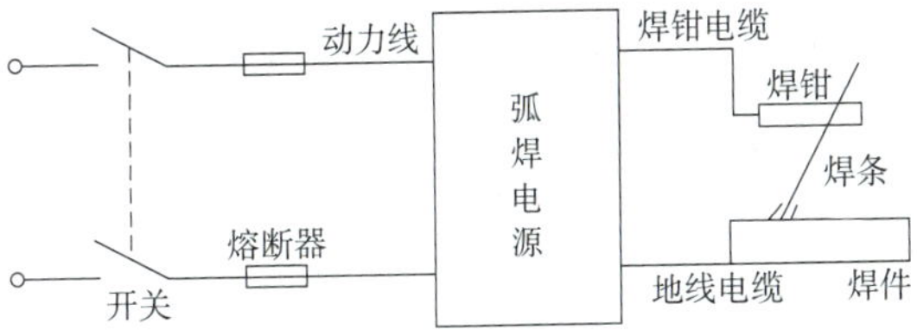

图 4-26　焊条电弧焊主回路示意图

1. 电缆的选择

电缆包括从电网到弧焊电源的动力线和从弧焊电源到焊件、焊钳的焊接电缆（包括焊钳电缆、地线电缆）。

1）动力线的选择

动力线一般选用耐压为交流 500 V 的电缆。其中，室外使用时，必须能耐日晒雨淋；室内使用时，必须有更好的绝缘；移动电源应选用柔软的多芯电缆；固定电源应选用单芯电缆。对单芯铜电缆，以电流密度为 5~10 A/mm² 选择导线截面；对于多芯电缆或长度较大（大于 30 m）的单芯电缆，以电流密度为 3~6 A/mm² 选择导线截面。采用铝电缆时，导线截面应增大至铜电缆的 1.6 倍。YHC 重型橡套电缆应用较广泛。

2）焊接电缆的选择

选择焊接电缆时，应考虑耐磨、能承受较大的机械外力和具有柔软性，以便于移动。我国有专用的 YHH 型焊接用橡套软电缆和 YHHR 型橡套特软电缆。

焊接电缆长度在 20 m 以下时，以电流密度为 4~10 A/mm² 选择导线截面。根据焊接电流和电缆长度选择焊接电缆截面的参考数据见表 4-7。

表 4-7　焊接电缆截面与焊接电流和电缆长度的关系

（单位：m）

焊接电流/A	截面面积/mm²								
	20	30	40	50	60	70	80	90	100
100	25	25	25	25	25	25	25	28	35
150	35	35	35	35	50	50	60	70	70
200	35	35	35	50	60	70	70	70	70
300	35	50	60	60	70	70	70	85	85

续表

焊接电流/A	截面面积/mm²								
	20	30	40	50	60	70	80	90	100
400	35	50	60	70	85	85	85	95	95
500	50	60	70	85	95	95	95	120	120
600	60	70	85	85	95	95	95	120	120

当焊接电缆较长时，除根据电流密度选择导线截面外，还应注意电缆压降对焊接工作的影响。电缆压降一般不宜大于额定工作电压的 10%，不同长度的电缆压降见表 4-8。所以，当焊接电缆较长时，应适当增大电缆截面。

表 4-8　不同长度的电缆压降

（单位：V）

电缆使用条件	单根电缆长度/m		10	20	30	40	50	80	100
电流 500 A 截面面积 500 mm²	电缆压降	20 ℃	1.95	3.90	5.85	7.80	9.75	15.6	19.5
		60 ℃	2.26	4.52	6.78	9.04	11.30	18.08	22.60

2. 熔断器的选择

熔断器是防止电路过载或短路的最常用的保护电路。常用的熔断器有管式、插式和螺旋式等，如图 4-27 所示。熔断器内装有熔丝（保险丝），熔丝是用低熔点合金材料制成的，当电路过载或短路时，熔丝熔断，切断电路。

（a）　　（b）　　（c）

图 4-27　熔断器

（a）管式熔断器　（b）插式熔断器　（c）螺旋式熔断器

熔断器的选择主要是熔丝的选择。熔断器的额定电流应大于或等于熔丝的额定电流。

3. 开关的选择

开关是将弧焊电源接在电网电源上的低压连接电器，主要用于电路隔离及不频繁地接通和分断电路。常用的开关有胶盖瓷底刀开关、铁壳开关和断路器，如图 4-28 所示。

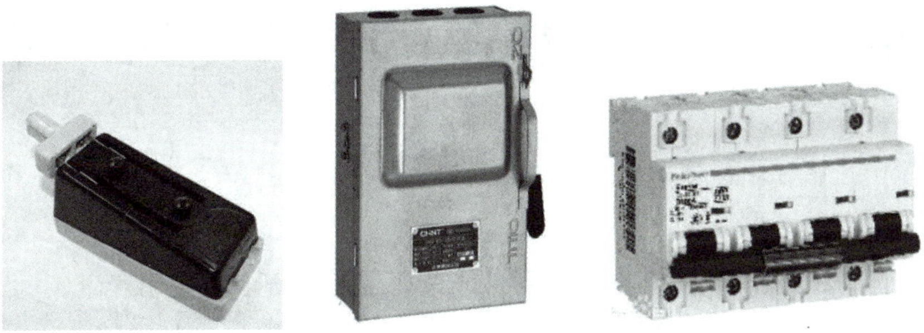

（a） （b） （c）

图 4-28 开关

（a）胶盖磁底刀开关 （b）铁壳开关 （c）断路器

任务六 弧焊电源的安装、使用和维护常识

正确安装和使用弧焊电源，不仅能保证其工作性能正常，而且能延长其使用寿命。

一、弧焊整流器、弧焊逆变器和晶体管式弧焊电源的安装

1. 安装前的检查

（1）新的长期未用的弧焊电源，在安装前必须检查绝缘情况，可用 500 V 绝缘电阻表测定。但在测定前，应先用导线将整流器或硅整流元件、大功率晶体管组短路，以防止硅元件或晶体管被过电压击穿。焊接回路、二次绕组对机壳的绝缘电阻应大于 2.5 MΩ，整流器和一、二次绕组对机壳的绝缘电阻应不小于 2.5 MΩ，一、二次绕组之间的绝缘电阻应不小于 5 MΩ，与一、二次回路不相连接的控制回路与机架或其他各回路之间的绝缘电阻不小于 2.5 MΩ。

（2）在安装前检查电源内部是否有因运输而损坏或接头松动的情况。

2. 安装时的注意事项

（1）电网电源功率是否够用，开关、熔断器和电缆选择是否正确，电缆的绝缘是否良好。

（2）弧焊电源与电网间应装有独立开关和熔断器。

（3）动力线和焊接电缆线的导线截面和长度要合适，以保证在额定负载时动力线电压降不大于电网电压的 5%，焊接回路电缆线总压降不大于 4 V。

（4）机壳接地或接零，对电网电源为三相四线制的，应将机壳接在中性线上；对不接地的三相制，应将机壳接地。

（5）采取防潮措施。

（6）安装在通风良好的干燥场所。

（7）弧焊整流器通常都装有风扇对硅元件和绕组进行通风冷却，接线时一定要保证风扇转向正确；通风窗与阻挡物间距不应小于 300 mm，以使内部热量顺利排出。

二、弧焊变压器的安装

（1）接线时首先应注意弧焊变压器铭牌上所标的一次电压数值（有 380 V、220 V，也有 380 V 和 220 V 两用）与电网电压是否一致。

（2）弧焊变压器一般是单相的，多台安装时，应分别接在三相电网上，并尽量使三相平衡。

（3）其余事项与弧焊整流器安装相同。

三、弧焊电源的使用和维护常识

（1）使用前，必须按产品说明书或有关标准对弧焊电源进行检查，了解其基本原理，为正确使用建立一定的理论知识基础。

（2）焊接前，要仔细检查各部分的接线是否正确，焊接电缆接头是否拧紧，以防过热或烧损。

（3）弧焊电源接电网后或进行焊接时，不得随意移动或打开机壳的顶盖；如要移动，应在停止焊接、切断电源后再移动。

(4)空载运转时,首先听其声音是否正常,再检查冷却风扇是否正常鼓风以及旋转方向是否正确;另外,空载时焊钳和工件不能接触,以防短路。

(5)机件要保持清洁,定期用压缩空气吹净灰尘,且定期检修;机体上不许堆放金属或其他物品,以防短路或损坏机体。

(6)弧焊电源必须在铭牌上规定的电流调节范围内及相应的负载持续率下工作,否则有可能使温升过高而烧坏绝缘,缩短使用寿命。若必须在最大负荷下工作,应经常检查弧焊电源的受热情况。若温升过高,应立即停机或采用其他降温措施。

(7)使用弧焊整流器时,应注意硅元件的保护和冷却,以及磁饱和电抗器是否受振动、撞击而影响性能的稳定性。如硅元件损坏,要在排除故障和更换硅元件之后才能继续使用。

(8)调节焊接电流和换挡应在空载下进行,或在切断电源时进行。

(9)要建立必要的管理使用制度。

焊机群控技术

【拓展阅读】

AI技术推动焊接过程的智能化

AI技术在焊接领域的应用正在推动焊接过程的智能化和自动化,并提高生产效率和产品质量。

AI技术在焊接中的应用主要体现在以下方面。

1. 焊接质量控制

AI技术在焊接质量控制中的应用主要体现在焊接质量检测、焊接缺陷识别以及焊接工艺优化等方面,这些应用不仅提高了焊接的精度和速度,还通过实时监控和智能调整,显著提高了生产效率和产品质量。以下是AI技术在焊接质量控制中的一些关键应用。

(1)基于机器视觉和深度学习的焊接质量检测系统:这种系统结合了先进的计算机视觉和深度学习算法,用于实时监测和评估焊接过程中的焊缝质量。通过高速、高分辨率相机捕捉焊接过程中的细节,深度学习算法能够学习并识别不同质量的焊缝,包括焊接缺陷、裂纹、气孔等。这种系统具有一定的自适应性,可以适应不同工艺参数、材料类型和焊接环境,从而更好地适用于各种焊接任务。在实际应用中,这种系统广泛应用于汽车制造、航空航天、电子制造等领域。通过实现自动化的质量检测,这一系统不仅提高了焊接过程的效率,还确保了焊缝质量的高水平,降低了制造中的不良率。

(2)自动缺陷检测技术:通过AI模型助力用户快速解决质量难题,特别在孔隙率、涂胶、夹杂、焊接路径和缺陷等方面表现突出。

(3)基于深度学习的焊缝图像缺陷识别方法:利用深度学习技术,自动识别X射线焊缝图像中的缺陷,提高了检测的准确性和效率。

2. 焊接参数优化

(1)工艺参数优化:AI算法可以根据历史数据和实时反馈,优化焊接电流、电压、速度等工艺参数,以获得最佳的焊接效果。

(2)自适应控制:通过实时监控焊接过程中的各种参数,AI系统能够自动调整焊接条件,以应对材料和环境变化。

3. 焊接机器人

(1)路径规划:AI系统可以帮助焊接机器人进行复杂路径的规划,提高焊接效率和精度。

(2)智能操作:通过深度学习,焊接机器人能够识别不同的焊接任务,自动选择适当的焊接工艺和参数。

4. 焊接数据分析

(1)大数据分析:AI系统可以处理和分析大量的焊接数据,发现隐藏的模式和趋势,为焊接工艺改进提供依据。

(2)预测性维护:通过分析设备的运行数据,AI系统可以预测焊接设备的故障,提前进行维护,减少停机时间。

5. 虚拟仿真与训练

（1）焊接模拟：利用 AI 和虚拟现实技术，可以模拟真实的焊接过程，进行操作训练和工艺验证。

（2）训练优化：通过 AI 分析焊工的操作数据，提供个性化的培训建议，提高焊接技能。

总之，随着人工智能和机器人技术的快速发展，智能焊接设备将实现更高的自动化程度，实现完全无人化或少人化的焊接作业。智能焊接设备将具备数据采集和远程监控功能，通过云平台将焊接参数、工艺数据以及设备状态等信息实时传输到远程控制中心或终端用户。智能焊接设备将通过集成的智能算法对焊接工艺进行优化，减少焊接缺陷和变形。智能焊接设备将集成不同的焊接工艺和技术，实现多功能和多工艺的应用。随着技术的不断进步，AI 技术在焊接中的应用极大地提高了焊接质量和效率，同时降低了成本和劳动强度。

我国成功突破高强高韧钛合金材料特殊焊接工艺

钛合金是一种好材料，其比强度高、耐蚀性好，在飞机设计上经常要用到，但是这种材料加工起来比较难，尤其是异型件，好在现在 3D 打印技术的出现很好地解决了这一问题。

不仅航空装备方面要用到钛合金，航海设备方面也经常要用到钛合金材料。我国的海深载人潜水器也使用了钛合金，而且潜深要远远大于 1 000 m，如我国的“奋斗者”号全海深载人潜水器就曾在西太平洋马里亚纳海沟海域完成全部万米海试任务，并创造了 10 909 m 的中国载人深潜新纪录。

10 000 多米的海水下面，水压超过 110 MPa，相当于你的背上有 2 000 头非洲象。这么大的压强，“奋斗者”号怎样才能实现硬核“抗压”呢?

其依靠的就是载人舱。为保证载客量，载人舱要大；为减轻潜水器负担，球舱不能重；为承受万米海压，载人舱必须坚固。又由于要长时间浸泡在水里，而常规材料容易生锈、被腐蚀，用不了多久可能就要废弃。最终，国产新型钛合金材料登场了，它既能承受海底的强大压强，又有出色的耐蚀性。

但是问题来了，“奋斗者”号载人舱由 2 个半球焊接而成，因其焊接位置类似地球赤道，被称为赤道缝焊接。在研制过程中，由于载人舱赤道缝的焊接难题，一度让“奋斗者”号项目面临搁浅。

最终，中国船舶集团七二五所科研人员解决了这一难题，成功突破了高强高韧钛合金材料特殊焊接工艺，在世界上首次应用此类技术一次性成功完成载人舱赤道缝焊接，为“奋斗者”号提供了坚强保障。

这种焊接技术，在世界上没有任何可供参考的先例，为保证项目成功，当时“奋斗者”号项目共准备了 5 个半球：1 个用于试验，另外 4 个组成 2 个整球。2018 年底，承担 1 号球壳赤道缝焊接任务的单位遭遇始料未及的困难，七二五所临危受命，承担起 2 号球壳的赤道缝焊接任务。

面临严峻的形势和仅剩的 2 个半球，意味着这次焊接只许成功、不许失败。经过七二五科研人员数百次的试验，终于在 2019 年 6 月 17 日 23 点 30 分一次性完成了“奋斗者”号的载人舱赤道缝焊接。

那么，我国成功突破的高强高韧钛合金材料特殊焊接工艺就是大功率真空电子束焊机。

电子束焊接是一种利用电子束作为热源的焊接工艺。电子束发生器中的阴极加热到一定的温度时逸出电子，电子在高压电场中被加速，通过电磁透镜聚焦后，形成能量密集度极高的电子束，当电子束轰击焊接表面时，电子的动能大部分转变为热能，使焊件的结合处的金属熔融，当焊件移动时，在焊件结合处形成一条连续的焊缝。

所谓真空电子束焊机，就是将要焊接的工件置于真空室中，一般装夹在可直线移动或旋转的工作台上。至于大功率，则是为了应对高强高韧钛合金材料特殊焊接的需要。

项目小结

弧焊电源是用来给焊接电弧提供电能的一种专用设备，它是电弧焊机中的核心部分。不同材料、结构的工件，需要采用不同的电弧焊工艺方法，而不同的电弧焊工艺方法则需要采用不同的电弧焊机。

AI 技术推动焊接过程的智能化

焊接电弧作为弧焊电源的负载，是一种非线性负载，有其独特的伏安特性，即静态伏安特性（静特性）和动态伏安特性（动特性）。其静特性曲线形状呈U形，对于各种不同的焊接方法，它们的电弧静特性曲线有所不同。

弧焊电源的负载是电弧，它的电气性能就要适应电弧负载的特性。这就要求弧焊电源具有合适的空载电压，保证电弧引燃容易且能稳定燃烧；与电弧静特性相匹配的电源外特性，不同焊接方法具有不同形状的静特性曲线，需要选择适当曲线形状的电源外特性与之匹配，以满足“电源-电弧”系统的稳定条件；焊接参数稳定、可调；电弧发生变化时具有良好的电源动特性。

弧焊电源种类很多，不同的弧焊电源具有其自身的特点和适用范围。弧焊变压器是一种交流弧焊电源，也是一种特殊的变压器，其基本工作原理与一般的电力变压器相同；同时，它有一定的空载电压和较大的电感，具有下降的外特性，其内部感抗值可调，以进行焊接参数的调节。弧焊整流器是一种直流弧焊电源，按主电路和整流器件的不同可分为硅整流器、晶闸管式弧焊整流器、晶体管式弧焊整流器。硅弧焊整流器是以大功率硅二极管作为整流元件，将交流电整流成直流电的弧焊电源，为了获得焊接所要求的外特性和进行焊接电压及电流的调节，硅弧焊整流器中设有外特性调节机构。晶闸管式弧焊整流器是以晶闸管作为整流元件的弧焊整流器，对电源外特性形状的控制、焊接参数的调节都可以通过改变晶闸管的导通角来实现。晶体管式弧焊整流器可分为模拟式晶体管式弧焊整流器和开关式晶体管式弧焊整流器两种，这种弧焊整流器可对外特性形状进行任意调节，以适应各种弧焊方法的需要。脉冲弧焊电源与一般弧焊电源的主要区别就在于所提供的焊接电流是周期性脉冲式的，包括基本电流（维弧电流）和脉冲电流。目前，脉冲弧焊电源主要用于气体保护焊和等离子弧焊。弧焊逆变器是可为焊接电弧提供电能，并具有弧焊方法所要求性能的逆变器。弧焊逆变器由主电路、电子控制系统、反馈给定系统组成，其主电路的基本工作原理可以归纳为工频交流（AC）→直流（DC）→高、中频交流（AC）→降压→交流（AC）并再次变成直流（DC），必要时再把直流变成矩形交流（AC）。弧焊逆变器可以获得各种形状的外特性，适用于各种焊接方法。

弧焊电源是焊接设备中决定电气性能的关键部件。弧焊电源的选择应根据焊接电流的种类、焊接工艺方法、弧焊电源的功率、工作条件和节能等综合考虑，并正确选择。焊接电源附件的选择包括电缆、熔断器和开关等的选择。弧焊电源应进行正确安装和使用。

复习思考题

1. 什么是弧焊电源？如何分类？
2. 简述焊接电弧的伏安特性。
3. 如何选择弧焊电源？
4. 如何使用和维护弧焊电源？

解析焊接自动化专机

电子束焊接控制电路

项目五

机器人控制技术

项目描述

随着产业界对高效、高品质焊接的需求不断增长，机器人焊接的应用日益广泛。焊接机器人是一种可自动控制、可重复编程、能在三维空间完成各种焊接作业的自动化生产设备，具有动作范围大、运动速度快等特点，这使得焊接机器人的示教编程、程序编辑等操作必须由经过培训的专业人员来实施，并严格遵守机器人的安全操作规程和行业安全作业操作规程。

焊接机器人的操作，从手动控制机器人开始，手动控制机器人是机器人示教编程的基础。在掌握手动控制机器人的基础上学习机器人的示教编程，能够进行典型板板对接焊缝、管板角接焊缝的示教编程。最后，通过先进的离线编程系统，实现焊接机器人的远程控制，更有利于配合智能制造业工业自动化生产发展的需要。

知识目标

- (1)了解工业机器人的自动化焊接应用。
- (2)掌握焊接机器人工作站的结构及工作流程。
- (3)掌握焊接机器人生产线的结构及工作流程。
- (4)熟悉常见焊接机器人的示教编程。

能力目标

- (1)能够识别各类焊接机器人。
- (2)能够应用各类焊接机器人。

素养目标

- (1)养成进行焊接机器人操作的安全意识，提升理论联系实践的能力。
- (2)培养良好的表达能力和较强的沟通与团队合作能力。

任务一 焊接机器人系统

根据国际标准化组织(ISO)相关的工业机器人术语标准,工业机器人是一种多用途的、可重复编程的自动控制操作机(manipulator),具有三个或更多个可编程的轴,主要用于工业自动化领域。为了适应不同的用途,机器人最后一个轴的机械接口通常是一个连接法兰,可接装不同工具(也称为末端执行器)。

如图 5-1 所示,工业机器人代替人工焊接,不仅可以减轻焊接工人的劳动强度,同时也能保证焊接质量、提高生产效率。在焊接生产过程中,采用机器人焊接是自动化技术现代化的主要标志。

图 5-1 工业机器人代替人焊接示意图

焊接机器人就是从事焊接的工业机器人。焊接机器人是在工业机器人的末端法兰上装接焊钳或焊(割)枪,使之能进行焊接、切割、喷涂等工作。

焊接机器人的应用可以带来如下益处:

(1)稳定和提高焊接质量,保证其均匀性;

(2)提高劳动生产率,可 24 h 连续生产;

(3)改善工人劳动条件,可在有害环境下工作;

(4)降低对工人操作技术的要求;

(5)缩短产品改型换代的准备期,减少相应的设备投资;

(6)可实现小批量产品的焊接自动化;

(7)能在空间站建设、核能设备维修、深水焊接等极限条件下完成人工难以进行的焊接作业;

(8)为焊接柔性生产线提供技术基础。

一、焊接机器人系统的组成

焊接机器人系统主要由机器人操作机(或称本体、机械)、机器人固定或移动装置、变位机、控制器、焊接系统、焊接传感器、中央控制计算机及相应的安全设备等组成。焊接机器人系统可以简单理解为机器人系统和焊接系统,其需要满足以下要求:

(1)两个系统之间能有效通信,使两者能按照焊接及运动时序完成作业;

(2)焊接机器人应能灵活、快捷地实现焊接路径的规划和调整;

(3)应能实现快速安装、变位、拆卸等操作,以提高整个焊接过程的效率;

(4)在焊接过程中,焊接热变形可能会引起不能忽略的焊接变形及焊缝偏差,焊接机器人一般还需配备各种焊接传感器,尤其是焊缝跟踪传感器,以监控焊接过程、保证焊接质量;

(5)应保证焊接过程的可靠性,如提供剪丝装置,提高引弧可靠性,能够去除喷嘴上的焊渣和飞溅金属,提高焊接电源可靠性，保证其能连续工作；

（6）焊接机器人系统还可能需要构建离线编程和仿真系统，以提高复杂工件编程的效率，检测焊接路径的合理性；

（7）为保证安全，焊接机器人系统需构建相关防护装置；

（8）对于 TIG 焊、等离子焊等采用高频高压引弧的焊接方法，机器人系统还需要具有抗高压和高频干扰的能力。

二、工业机器人的分类

工业机器人一般可按用途、结构坐标系特点、运动控制方式、驱动方式来分类。

工业机器人按用途可分为弧焊机器人、点焊机器人、激光焊机器人、喷涂机器人、打磨机器人等。

工业机器人按结构坐标系特点可分为直角坐标式、圆柱坐标式、球坐标式、多关节式。

工业机器人按运动控制方式可分为点位控制型、连续轨迹控制型。

工业机器人按驱动方式可分为气压驱动、液压驱动、电气驱动。

焊接机器人是工业机器人在焊接作业中的典型应用，根据焊接工艺的不同，焊接机器人可分为点焊机器人、弧焊机器人、激光焊接机器人等。

1. 点焊机器人

点焊指焊接时利用柱状电极，在两块搭接工件接触面之间形成焊点的焊接方法。点焊可分为单点焊及多点焊。多点焊是用两对或两对以上电极，同时或按自控程序焊接两个或两个以上焊点的点焊。点焊时，先加压使工件紧密接触，随后接通电流，在电阻热的作用下工件接触处熔化，冷却后形成焊点。点焊主要用于厚度在 4 mm 以下的薄板构件冲压件焊接，特别适合汽车车身和车厢、飞机机身的焊接。

点焊机器人是用于点焊自动作业的工业机器人，由机器人本体、计算机控制系统、示教器和点焊焊接系统等组成。点焊机器人选用关节式工业机器人的基本设计，一般具有 6 个自由度。其驱动方式有液压驱动和电气驱动两种，电气驱动具有保养维修简便、能耗低、速度高、精度高、安全性好等优点，因此应用较为广泛。点焊机器人末端持握的作业工具是焊钳。一般来说，装配一台汽车车体大约需要几千个焊点，其中半数以上的焊点由机器人操作完成。最初点焊机器人只被用于增强焊接作业，后来逐渐被用于定位焊接作业，如图 5-2 所示。

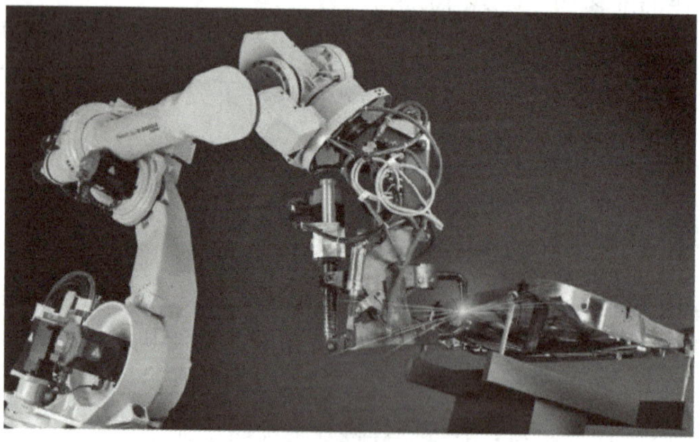

图 5-2　点焊机器人

点焊机器人按照示教程序规定的动作、顺序和参数进行点焊作业，其过程是完全自动化的，并且具有与外部点焊机器人专用点焊钳设备通信的接口，可以通过这一接口接收上一级主控与管理计算机的控制命令并进行工作。

对点焊机器人一般有如下要求：

（1）安装面积小，工作空间大；

（2）快速小节距的多点定位（如每 0.3~0.4 s 移动 30~50 mm 节距后定位）；

（3）定位精度高（±0.25 mm），以确保焊接质量；

（4）持重大（50~100 kg），以便携带内装变压器的焊钳；

（5）内存容量大，示教简单，节省工时；

（6）点焊速度与生产线速度相匹配，同时安全可靠性好。

2. 弧焊机器人

电弧焊是以电弧作为热源，利用空气放电的物理现象，将电能转换为焊接所需的热能和机械能，从而达到连接金属的目的。电弧焊是应用最广泛、最重要的熔焊方法，适用于各种金属材料、各种厚度、各种结构形状的焊接，其应用占焊接生产总量的 60%以上。

弧焊机器人的组成和原理与点焊机器人基本相同，但弧焊过程比点焊过程复杂得多，工具中心点（TCP）即焊丝端头的运动轨迹以及焊枪姿态、焊接参数都要求精确控制。所以，弧焊机器人还必须具备一些适合弧焊要求的功能，如接触寻位、自动寻找焊缝起点位置、电弧跟踪及自动再引弧功能等。弧焊机器人一般是由示教器、控制器、机器人本体及自动送丝装置、弧焊电源等部分组成，其可以在计算机的控制下实现连续轨迹控制和点位控制，还可以利用直线插补和圆弧插补功能焊接由直线及圆弧所组成的空间焊缝。弧焊机器人在通用机械、金属结构等行业得到广泛应用，图 5-3 所示为焊接机器人用于汽车零部件的焊接作业。

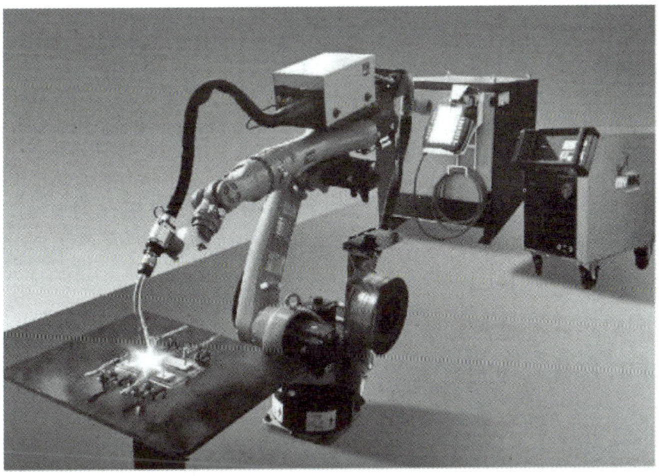

图 5-3 弧焊机器人

弧焊机器人主要有熔化极焊接作业和非熔化极焊接作业两种类型，具有可长期进行焊接作业，以及保证焊接作业的高生产率、高质量和高稳定性等特点。随着技术的发展，弧焊机器人正向着智能化的方向发展。弧焊机器人是包括各种电弧焊附属装置在内的柔性焊接系统，因而对其性能有特殊的要求。在弧焊作业中，焊枪应跟踪工件的焊道运动，并不断填充金属形成焊缝，因此运动过程中焊接速度的稳定性和轨迹精度是两项重要指标。一般情况下，焊接速度取 5~50 mm/s，轨迹精度为 ±（0.2~0.5）mm。由于焊枪的姿态对焊接质量也有一定影响，因此在跟踪焊缝的同时，焊枪姿态的可调范围应尽量大。

弧焊机器人的其他一些基本性能要求如下：

（1）设定焊接条件（电流、电压等）；

（2）摆动功能；

（3）坡口填充功能；

（4）焊接异常功能检测；

（5）焊接传感器（初始焊位导引、焊缝跟踪）的接口功能。

3. 激光焊接机器人

激光焊接是利用高能量密度的激光束作为热源的一种高效、精密的焊接方法。激光焊接是激光材料加工技术应用的重要方面之一,在 20 世纪 70 年代主要用于焊接薄壁材料和低速焊接,激光焊接过程属于热传导型。激光辐射加热工件表面,表面热量通过热传导向内部扩散,通过控制激光脉冲的宽度、能量、峰值功率和重复频率等参数,使工件熔化,形成特定的熔池。激光焊接常应用于微、小型零件的精密焊接。激光焊接生产效率高,易于实现自动化控制,非常适用于大规模生产线和柔性制造生产。

激光焊接机器人是用于激光焊自动作业的工业机器人,通过高精度工业机器人实现更加柔性的激光加工作业,其末端持握的工具是激光加工头,如图 5-4 所示。

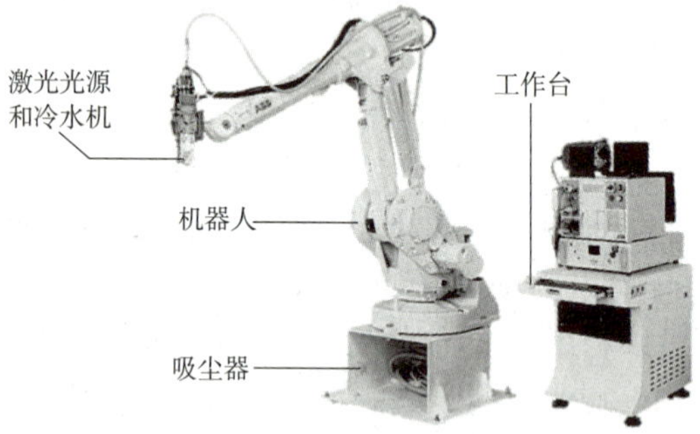

图 5-4 激光焊接机器人

激光焊接机器人以半导体激光器作为焊接热源,广泛应用于手机、笔记本电脑等电子设备摄像头零件焊接。激光焊接机器人具有以下特征:

(1)非接触性,激光形成的点径最小可以达到 0.1 mm,送锡装置最小可达 0.2 mm,可实现微间距封装(贴装)元件焊接;

(2)由于是短时间局部加热,对基板与周边零件热影响小,焊点质量良好;

(3)无烙铁头消耗,无须更换加热器,连续作业时工作效率高;

(4)无铅焊接时,不易发生焊点裂纹;

(5)对焊料的表面温度采用非接触测定方式,不采用实际接触焊头测定温度的方法;

(6)良好的振动抑制和控制修正功能。

三、工业机器人驱动系统

工业机器人常用的驱动方式主要有液压驱动、气压驱动和电气驱动三种类型。目前,电气驱动的工业机器人所占的比例越来越大,但在需要出力很大的应用场合或运动精度不高、有防爆要求的场合,液压、气压驱动仍能获得令人满意的应用。

在选择焊接机器人驱动器时,要考虑弧焊和点焊的作业特点:弧焊机器人的作业特点是工作速度不高,空行程速度高,对驱动器无特殊要求(仅满足功率要求);点焊机器人往往是行程(两焊点间距离)较短,而且要求快速移动焊钳,因此点焊机器人的驱动器除满足功率要求外,还应考虑是否能够在较大的惯性负载(焊钳)条件下,提供足够的加速度以满足作业要求,即应核算负载惯量折算到电动机轴的值是否在驱动电动机允许的范围内。

任务二　焊接机器人工作站

一、机器人工作站

机器人工作站是指以一台或多台机器人为主，配以相应的周边设备，如变位机、输送机、工装夹具等，或借助人工的辅助操作，一起完成相对独立的一种作业或工序的一组设备组合，也可称为机器人工作单元。

一般的机器人工作站主要由机器人、机器人末端执行器、夹具和变位器、配套及安全装置、动力源、工作对象的储运设备、控制系统等部分组成，不同功能的工作站，末端执行器和工作对象的储运设备等会有所不同。

在设计机器人工作站时，通常应该做到以下几点：

(1)设计足够大的安全防护空间，在该空间的周围设置可靠的安全围栏，在机器人工作时，所有人员不能进入围栏，并应设有安全连锁门，当该门开启时，工作站中的所有设备不能启动工作；

(2)工作站必须设置各种传感器，包括光屏、电磁场、压敏装置、超声和红外装置及摄像装置等，当人员无故进入防护区时，利用这些传感器能立即使工作站中的各种运动设备停止工作；

(3)当人员必须在设备运动条件下进入防护区工作时，机器人及其周边设备必须在降速条件下启动运转，工作者附近的地方应设急停开关，围栏外应有监护人员，并随时可操纵急停开关；

(4)用于有害介质或有害光环境下的工作站，应设置遮光板、遮光罩或其他专用安全防护装置，机器人的所有周边设备必须分别符合各自的安全规范。

二、焊接机器人工作站

工业机器人自动化生产线已经成为自动化装备的主流和未来的发展方向。凡是在焊接时工件可以不用变位，而机器人的活动范围又能达到所有焊缝或焊点位置的情况下，都可以建立焊接机器人工作站，采用焊接机器人工作站完成自动焊接工作。

焊接机器人工作站是能用于焊接生产的、最小组成的焊接机器人系统。由于焊接机器人工作站设备操作简单、容易掌握、故障率低，所以能较快地在生产中发挥作用，并取得较好的经济效益。焊接机器人工作站适用于不同的焊接方法，如熔化极气体保护焊(MIG/MAG/CO_2)、非熔化极气体保护焊(TIG)、等离子弧焊接与切割、激光焊接与切割、火焰切割及喷涂等。

1. 简易弧焊机器人工作站

典型的弧焊机器人工作站主要包括机器人系统、焊接电源系统、焊枪防碰撞传感器、变位机、焊接工装系统、清枪器、控制系统、安全系统和排烟除尘系统等。图 5-5 所示为弧焊机器人工作站系统。

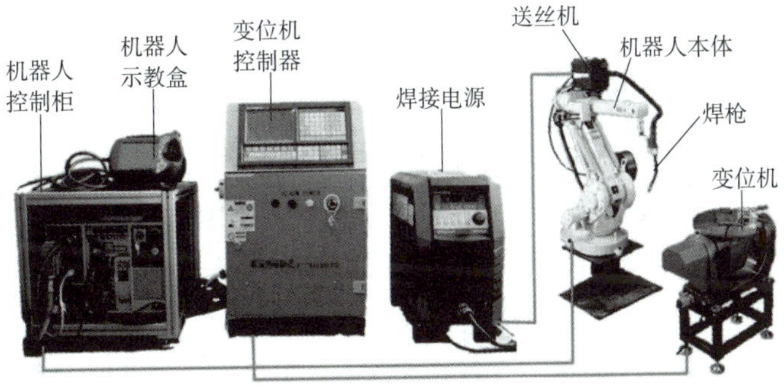

图 5-5　弧焊机器人工作站系统

2. 简易点焊机器人工作站

典型的点焊机器人工作站由本体控制部分和焊接控制部分组成，如图 5-6 所示。其中，本体控制部分主要是实现示教在线、焊点位置及精度控制。

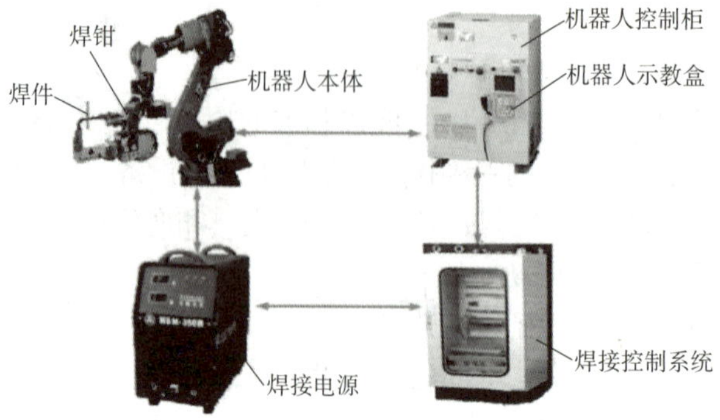

图 5-6　点焊机器人工作站系统

三、焊接机器人工作站工作过程

1. 系统启动

（1）机器人控制柜主电源开关合闸，等待机器人启动完毕。

（2）打开气瓶、焊机电源、剪丝清洗设备电源。

（3）在“示教模式”下选择机器人焊接程序，然后将模式开关转至“远程模式”。

（4）若系统没有报警，则启动完毕。

2. 生产准备

（1）选择要焊接的产品。

（2）将产品安装在焊接台上。

3. 开始生产

按下“启动”按钮，机器人开始按照预先编制的程序与设置的焊接参数进行焊接作业。当机器人焊接完毕，回到作业原点后，在生产间隙更换母材，再开始下一个循环。

需要特别注意的是，在生产过程中，焊接机器人工作站常见的故障有硬件故障、编程和操作错误引起的故障。在使用焊接机器人时，不仅操作要正确，而且要对使用的机器人做好日常保养和维护工作，这样才能确保焊接机器人的生产效率，保证焊接质量，延长机器人的使用寿命。

四、焊接机器人生产线应用案例

【例 5-1】 车用横梁焊接总成机器人焊接生产线应用案例。

车用横梁焊接总成机器人焊接生产线主要由 4 个工位组成，其中前 3 个工位为各部件的组对、焊接工位，第 4 个工位为补焊、检验工位，且各工位之间的物料传输采用叉车或行车吊运，料架采用用户的标准料架。图 5-7 所示为机器人焊接生产线效果图，焊接工件工艺顺序见表 5-1。

机器人安全操作必做

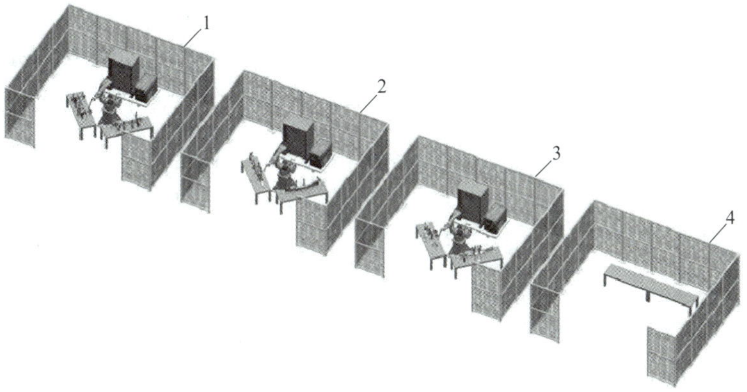

图 5-7　机器人焊接生产线效果图

1—焊接工位 1；2—焊接工位 2；3—焊接工位 3；4—补焊、检验工位

表 5-1　焊接工件工艺顺序

序号	焊接工件	工艺	主要设备	焊缝	节拍
1		第五横梁下板焊接组件 1 与第五横梁下板焊接组件 2 和油箱前左支架焊接组件组对、焊接	①脉冲气体保护焊接系统；②焊接机器人；③组对工装	焊缝数量：14 条 焊缝长度：580 mm 焊接速度：500 mm/min	组对时间： T_1=15 s 机器人空程时间： T_2=5 s 焊接时间： T_3=580/500 × 60=70 s 总时间： $\sum T=T_1+T_2+T_3=90$ s
2		第五横梁下板焊接组件与第五横梁下板焊接组件 3、第五横梁加强板和油箱前右支架焊接组件组对、焊接	①脉冲气体保护焊接系统；②焊接机器人；③组对工装	焊缝数量：38 条 焊缝长度：1 620 mm 焊接速度：700 mm/min	组对时间： T_1=15 s 机器人空程时间： T_2=5 s 焊接时间： T_3=1 620/700 × 60=139 s 总时间： $\sum T=T_1+T_2+T_3=159$ s
3		第五横梁下板焊接组件与传动轴中间支撑左、右焊接组件和油箱前左支架焊接组件组对、焊接	①脉冲气体保护焊接系统；②焊接机器人；③组对工装	焊缝数量：3 条 焊缝长度：300 mm 焊接速度：700 mm/min	组对时间： T_1=15 s 机器人空程时间： T_2=5 s 焊接时间： T_3=300/700 × 60=26 s 总时间： $\sum T=T_1+T_2+T_3=46$ s
4		补焊、检验工件			

在表 5-1 中，焊接工位 1 完成“横梁下板焊接组件 1”与“横梁下板焊接组件 2”和“油箱前左支架焊接组件”的组对、焊接；焊接工位 2 完成“横梁下板焊接组件”与“横梁下板焊接组件 3”、“横梁加强板”和“油箱前右支架焊接组件”的组对、焊接；焊接工位 3 完成“横梁下板焊接组件”与“传动轴中间支撑左、右焊接组件”和“油箱前左支架焊接组件”的组对、焊接，同时完成上道工序部分焊缝的满焊；补焊、检验工位完成工件的补焊（如立焊不能满足的部分焊缝）和检验。

焊接自动化生产线完成一个工件生产所需的标准节拍估算：工作站 1 的工作时间为 90 s，工作站 2 的工作时间为 159 s，工作站 3 的工作时间为 46 s，若补焊、检验时间以 30 s 计算，则焊接自动化生产线的最长加工工序时间为 325 s，按两班工作制，单班工作 12 h，每天工作 24 h，则每天的产量为 $24 \times 3\,600/325 \approx 266$ 个。

由汽车焊接生产线走进数字化工厂

任务三　机器人编程

一、机器人坐标系

机器人系统的坐标系有世界坐标系、工具坐标系、基坐标系、工件坐标系和用户坐标系，如图 5-8 所示。

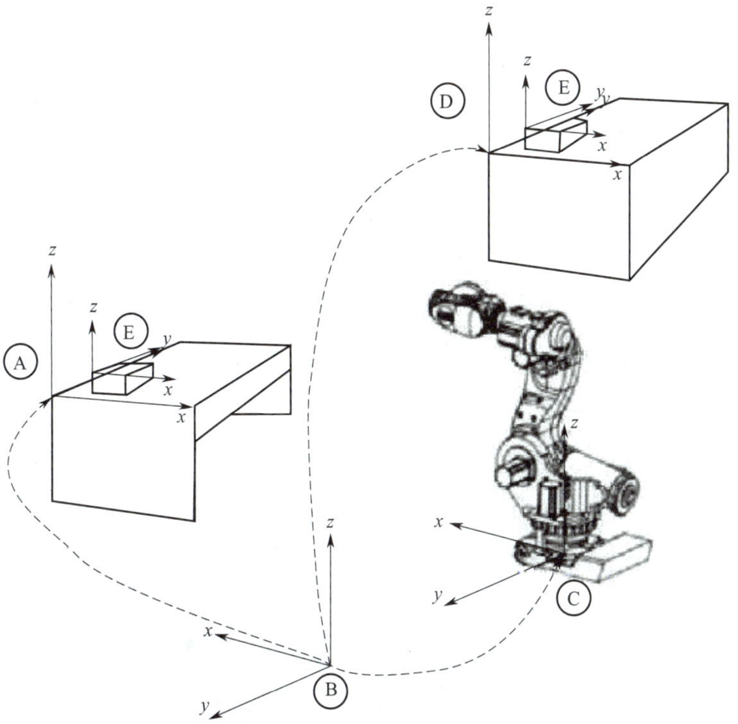

图 5-8　机器人坐标系

A—用户坐标系；B—世界坐标系；C—基坐标系；D—移动用户坐标系；E—工件坐标系（与用户坐标系一同移动）

（1）世界坐标系是系统的绝对坐标系，在建立用户坐标系前，机器人上所有点的坐标都是以该坐标系的原点来确定各自的位置。

（2）工具坐标系是一个直角坐标系，原点位于工具上。

（3）基坐标系位于机器人基座，它是最便于机器人从一个位置移动到另一个位置的坐标系。

（4）工件坐标系与工件相关，通常是最适于对机器人进行编程的坐标系。

（5）用户坐标系在表示持有其他坐标系的设备（如工件）时非常有用。

二、机器人编程

1. 示教编程

早期的机器人编程几乎都是采用示教编程方法，而且它仍是目前工业机器人使用最普遍的方法。采用示教编程方法时，程序编制是在机器人现场进行的。图 5-9 所示为示教再现式机器人控制系统的工作原理示意图，其工作过程可分为“示教”和“再现”两个阶段。

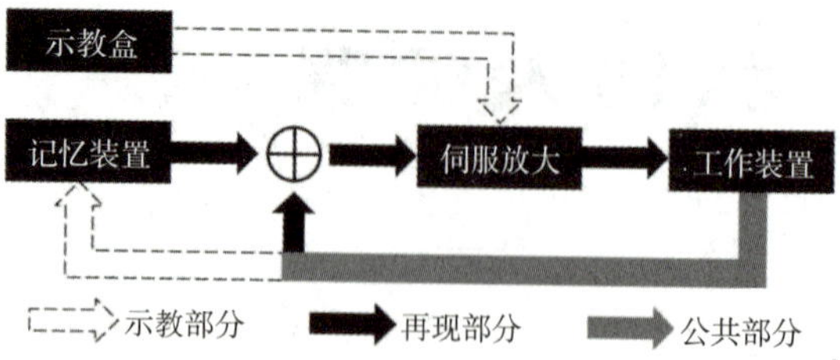

图 5-9　示教再现式机器人控制系统的工作原理示意图

2. 机器人语言编程

机器人语言编程是指采用专用的机器人语言来描述机器人的动作轨迹。机器人语言编程实现了计算机编程，具有良好的通用性，即同一种机器人语言可用于不同类型的机器人。此外，机器人编程语言可解决多台机器人之间协调工作的问题。

3. 离线编程

离线编程是在专门的软件环境支持下，采用专用或通用程序在离线情况下进行机器人轨迹规划编程的一种方法。离线编程方法与数控机床中编制数控加工程序非常相似。一些离线编程系统带有仿真功能，这使得在编程时就可解决障碍干涉和路径优化问题。图 5-10 所示为 RobotStudio 离线编程软件界面。

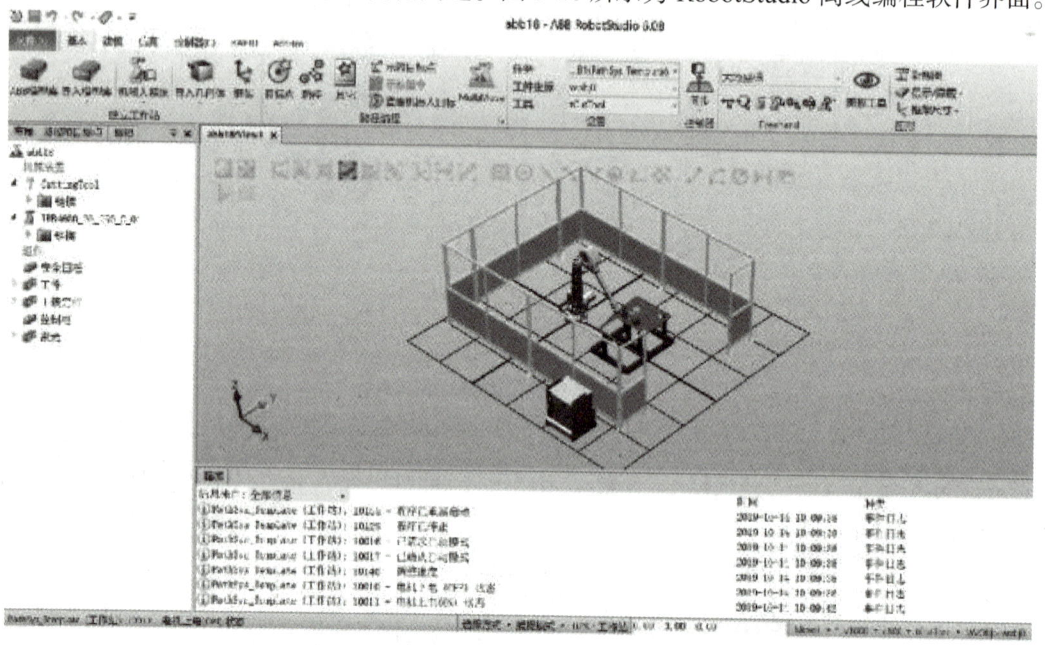

图 5-10　RobotStudio 离线编程软件界面

离线编程可以使自动化设备利用率提高，且不会因编程而影响机器人执行任务，便于信息集成，并可将机器人控制信息集成到 CAD/CAM 数据库和信息系统中。

由于两点确定一条直线，而三点可以确定一个圆弧，对于复杂曲线，则可以通过足够的直线线段或圆弧线段拟合得到，因此焊接轨迹的确定可以转换为对目标点的确定。RobotStudio 离线编程软件的轨迹规划一般可分为以下几点：

（1）创建目标点；

（2）创建轨迹，根据目标点可以创建路径/轨迹（在软件中用 path 表示）；

（3）起始点和结束点的添加，在焊接中，自动轨迹一般生成的是焊接的目标点和路径，一般还需要添加起始点和结束点，即焊接前焊枪的位置和焊接结束后焊枪的位置；

（4）焊接指令的添加；

（5）焊接路径的仿真。

三、焊接机器人编程应用

用焊接机器人进行编程，需要掌握特殊的焊接指令，焊接指令因不同品牌机器人软件配置弧焊工艺包不同而略有变化。下面对 ABB 机器人系统焊接指令进行举例说明。

1. 焊接指令——起弧指令

ArcLStart p10, v1000, seam1, weld1, fine, tool0;

ArcCStart p20, p30, v1000, seam1, weld1, fine, tool0;

如图 5-11 所示焊缝轨迹以直线或圆弧运动行走至焊道开始点，并提前做好焊接准备工作。若直接用 ArcL 指令，焊接在指令的起始点开始执行，但在所有准备工作完成前机器人保持不动。不管是否使用 Start 指令，焊接开始点都是 fine 点（无转弯区尺寸）。

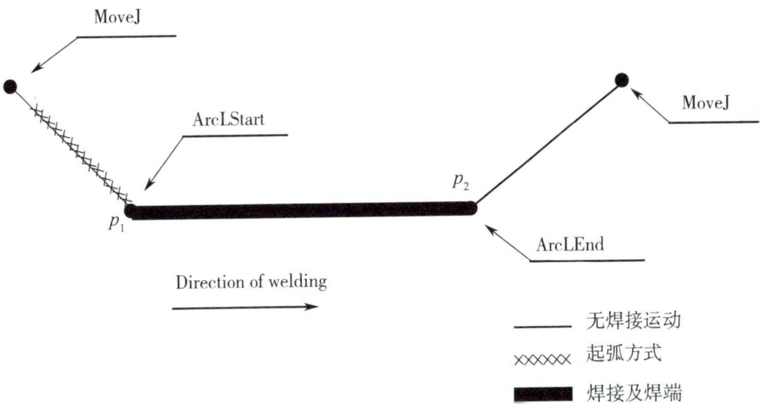

图 5-11　焊接指令轨迹示意图

2. 焊接指令——收弧指令

ArcLEnd p90, v100, seam1, weld1, fine, tool0;

ArcCEnd p100, p110, v100, seam1, weld1, fine, tool0;

焊接直线或圆弧至焊道结束点，并完成填弧坑等焊后工作。不管 Zone 参数指定的转弯区尺寸是多少，目标点一定是一个 fine 点。焊接中 TCP 的速度由 Weld 参数控制，除非程序单步执行（不焊接）或弧焊软件包设置"使用焊接速度"为全部锁定，则由 Speed 参数控制。

3. 焊接参数——Weld-data

该参数用于设置主焊接参数。

weld_speed 表示焊接速度。

main_arc 表示定义主电弧参数，数据类型为 Arcdata。

Sched 表示焊接参数（Fronius 焊机 Job 号）。

4. 焊接参数——Seam-data

该参数用于焊接引弧、加热和收弧段，以及保护气的控制。

purge_time 表示保护气管路的预充气时间。

preflow_time 表示保护气的预吹气时间。

scrape_start 为 0 时不刮擦起弧，为 1 时刮擦起弧。

postflow_time 表示收弧时为防止焊缝氧化保护气体的滞后吹气时间。

5. 焊接参数——Weave-data

该参数用于定义摆动参数（在焊接指令的可选变量中），最大摆动频率为 2 Hz，摆动倾斜角度不得超过 1∶10（84°）。

（1）weave_shape 数值 0~4，表示如图 5-12 所示四种摆动形式，其中：

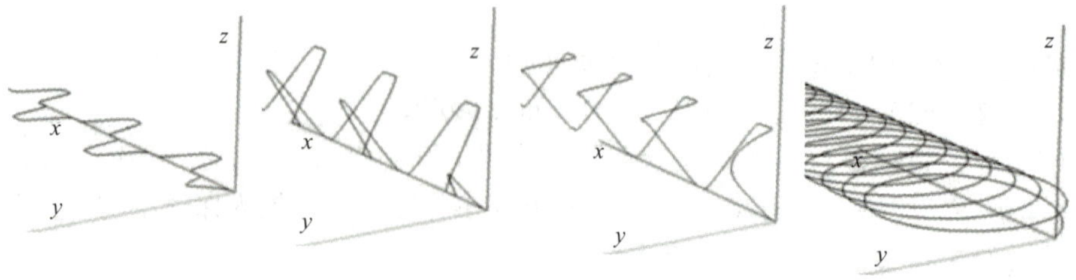

图 5-12　四种摆动形式

0——无摆动；

1——平面锯齿形摆动；

2——空间 V 字形摆动；

3——空间三角形摆动；

4——圆周摆动。

（2）weave_type 数值 0~3，数字越小精度越高，但频率越低，其中：

0——所有轴参与摆动；

1——腕部轴参与摆动；

2——1、2、3 轴参与摆动；

3——4、5、6 轴参与摆动。

（3）weave_length 表示摆动周期长度/频率：

①当 weave_type 为 0、1 时代表摆动周期长度；

②当 weave_type 为 2、3 时代表摆动频率。

四、焊接机器人焊接流程

（1）焊接准备：检查焊机、冷却水、保护气、焊丝/导电嘴/送丝轮规格。

（2）面板设置（保护气、焊丝、收弧、参数分别控制等）。

（3）工件接地良好，检查包括手动送丝、手动送气、焊枪开关及电流监测、水压开关、保护气检测等传感信号，以及调节气体流量等信号。

（4）编程，焊接参数设置。

（5）完成编程后，先锁定焊接观察轨迹，然后开始实际焊接。

（6）完成焊接，关闭电源、保护气，机器人回原点，清理现场。

【例 5-2】 使用 ABB 焊接机器人完成板对接焊缝编程。

（1）新建例行程序后，单击示教器界面左下角“插补方式”按钮，选择合适的移动命令，将机器人拖拽至合适的点位，如图 5-13 所示。

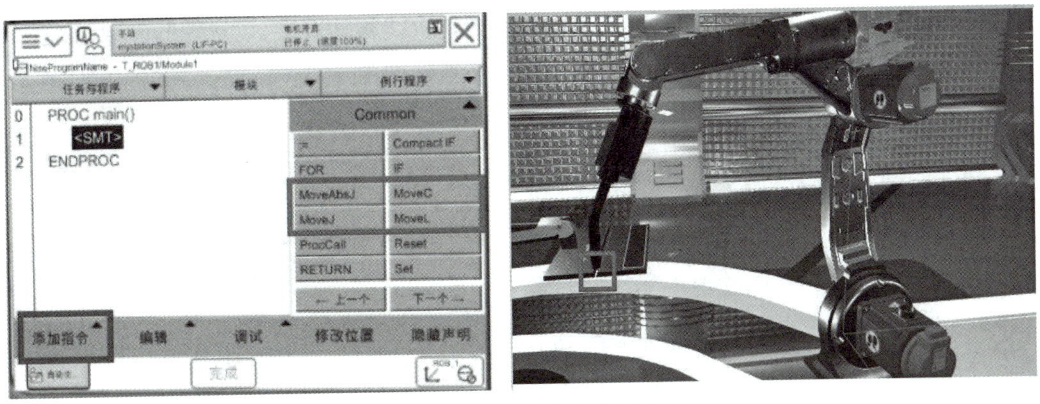

图 5-13　将机器人拖拽至合适的点位

(2)选中新添加命令的点,单击“修改位置”,将当前机器人末端的姿态信息存入该点中,如图 5-14 所示。

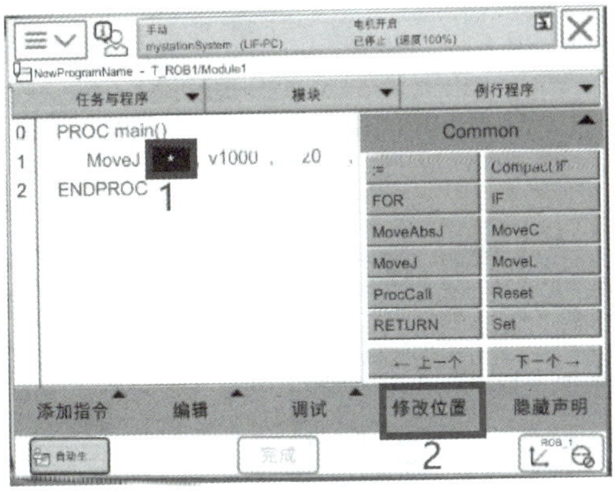

图 5-14　存入姿态信息

板对接施焊

(3)先单击“Common”通用指令集,进入指令集界面,再单击“ARC”焊接指令集,选择合适的焊接指令,如图 5-15 所示。

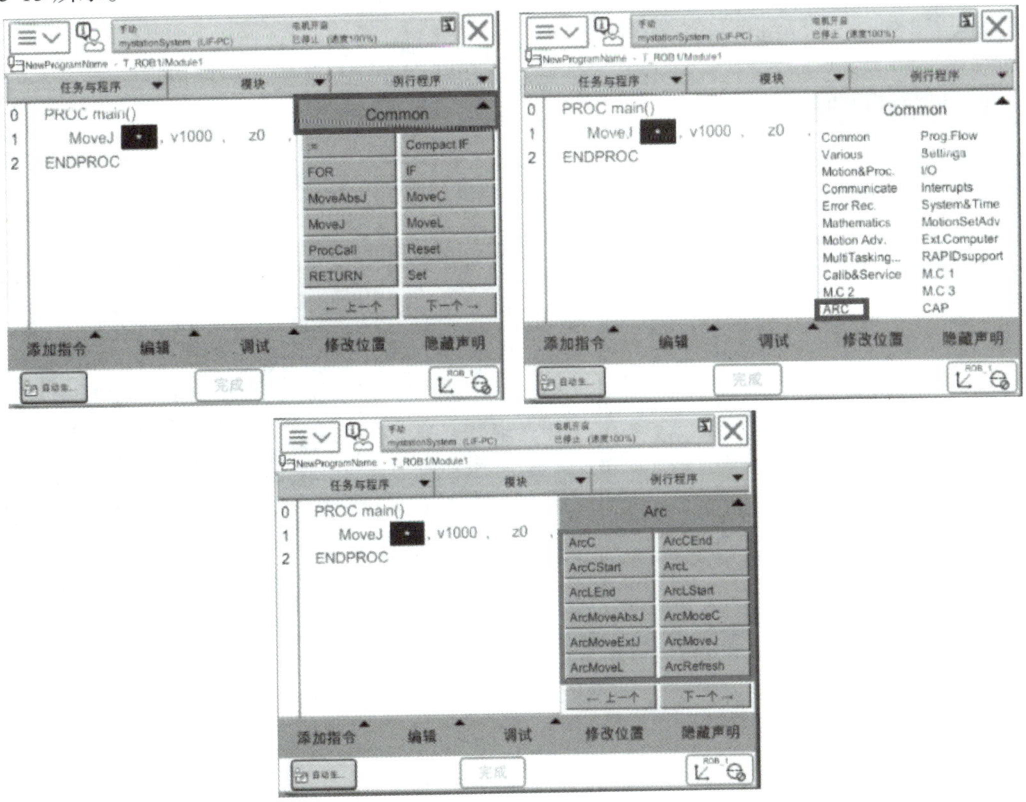

图 5-15　选择焊接指令

（4）单击“ArcLStart”，此指令表示当移动到该点后，开始直线移动焊接，设置焊缝参数（设置保护气等）和焊接参数（设置速度、电弧等），然后单击“确定”，将机器人移动至起弧合适点，如图 5-16 所示。

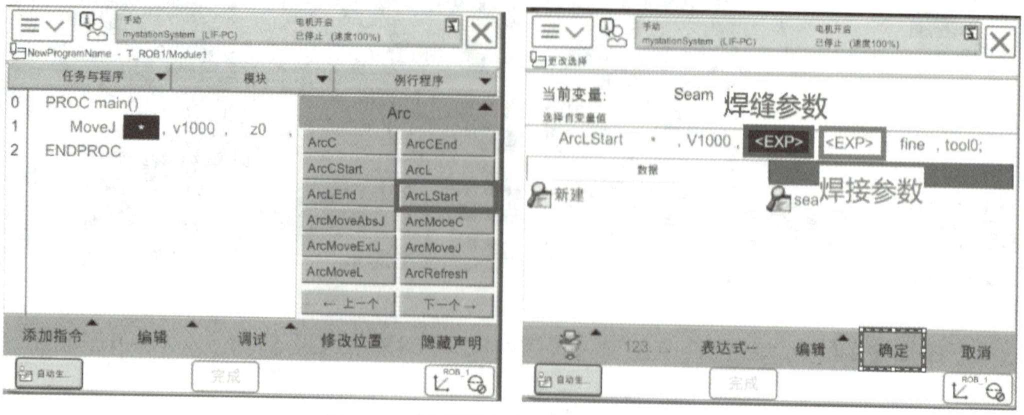

图 5-16　设置焊缝起弧点及相关参数

（5）先选中焊接指令中的点位置信息，再单击“修改位置”，将当前机器人的姿态信息写入该点，如图 5-17 所示。

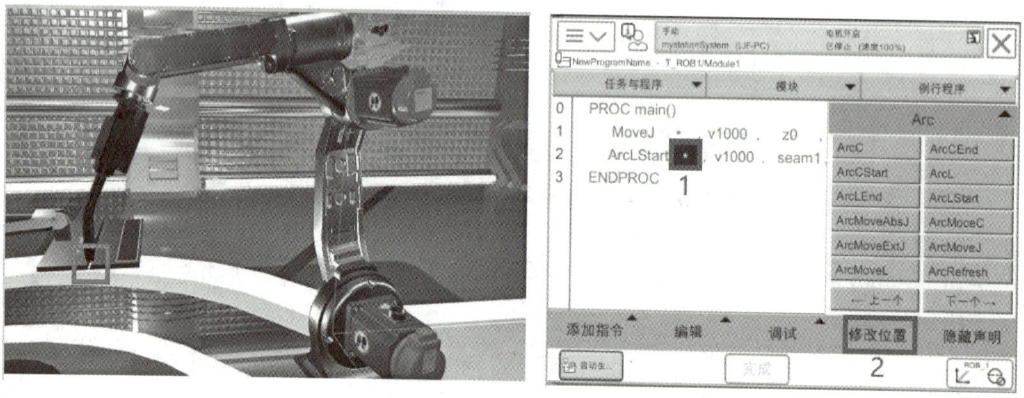

图 5-17　写入当前姿态信息

（6）按与起弧指令相同的方法，将机器人焊枪移动到合适的收弧点位置，在示教器界面中插入收弧指令“ArcLEnd”，依次完成参数设置，单击“完成”，即完成板对接例行程序，如图 5-18 所示。

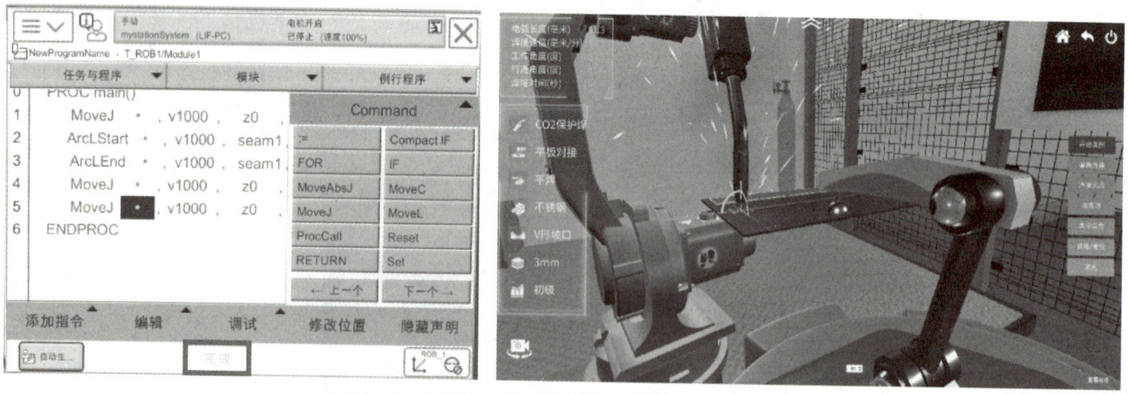

图 5-18　直线轨迹焊缝例行程序虚拟焊接演示

【例 5-3】 使用 ABB 焊接机器人完成 T 形多层单道角焊缝编程，如图 5-19 所示。

图 5-19　焊接机器人完成 T 形角焊缝虚拟焊接演示

由于 T 形板角焊缝可按直线轨迹编辑程序施焊，以两层单道角焊缝施焊作业为例，每道焊缝间隙等待 30 s，设置例行程序，如图 5-20 所示。

```
MoveJ p_home, v1000, z50, tool1;
ArcLStart p50, v1000, seam1, weld1, fine, tool1;
ArcLEnd p60, v1000, seam1, weld1, fine, tool1;
MoveJ p_home, v1000, z50, tool1;
WaitTime 30;
ArcLStart p50, v1000, seam1, weld2\Weave:=weave1, fine, tool1;
ArcLEnd p60, v1000, seam1, weld2\Weave:=weave1, fine, tool1;
MoveJ p_home, v1000, z50, tool1;
ENDPROC
```

打底层

等待时间，进行多层焊缝间隙的清渣，调外层焊缝的焊机电流、电压

盖面层

图 5-20　两层单道角焊缝施焊作业程序

其中，需设置焊接参数（Welddata）和摆动参数（Weavedata）。Welddata 焊接数据修改如图 5-21 所示，Weavedata 摆动数据修改如图 5-22 所示，机器人施焊作业如图 5-23 所示。

名称	值	模块
weld1	[8, 0, [1, 0, 0, 0], [0...	MainModule
weld2	[5, 0, [1, 0, 0, 0], [0...	MainModule
weld3	[7, 0, [1, 0, 0, 0], [0...	MainModule
weld4	[4, 0, [1, 0, 0, 0], [0...	MainModule
weld5	[5, 0, [1, 0, 0, 0], [0...	MainModule

weld_speed :=	8	← 焊接速度	num
org_weld_speed :=	0		num
main_arc :=	[1, 0, 0, 0]		arcdata
sched :=	1	← 调用焊机参数JOP号	num
mode :=	0		num
voltage :=	0	← 焊接电压、焊接电流	num

图 5-21　Welddata 焊接数据

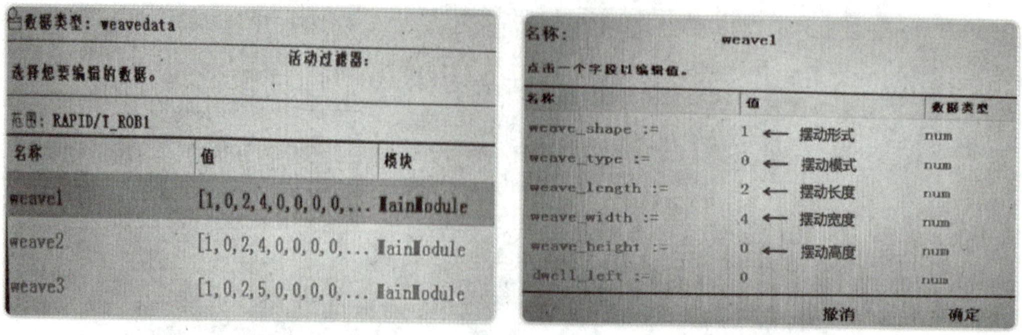

图 5-22　Weavedata 焊接数据

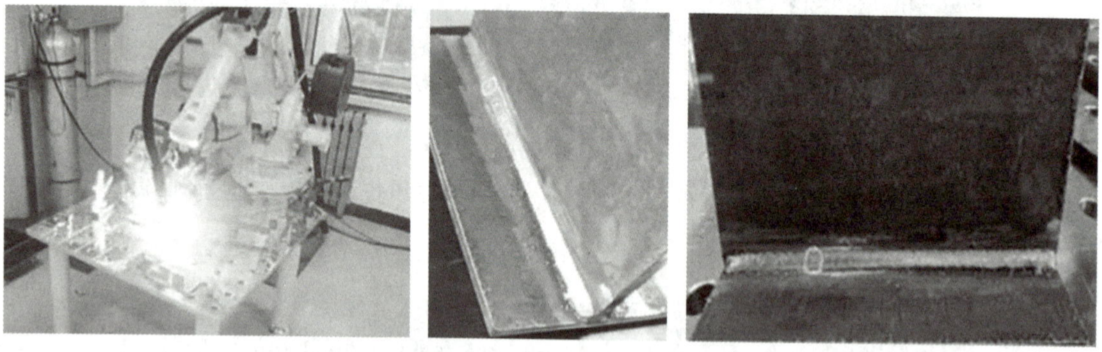
图 5-23　机器人施焊作业

【例 5-4】 使用机器人焊接离线编程完成柴油机机架焊接。

针对柴油机机架的机器人焊接，由于机架的尺寸较大、焊缝众多且形式不一，要在线示教编写机架的完整焊接程序，大概需要 3 个工作日，故机器人编程主要采用离线编程实现。

角焊缝焊脚尺寸

由于工件中很多焊缝是规则的（如直线或圆形），故可编制“样板焊缝”程序。“样板焊缝”程序是“预先定义”好的（焊接参数及方式）程序，可以在要求相同的情况下被其他程序调用，从而简化编程。根据复杂程度，将样板焊缝分为单层、单层加摆动、多层三种类型。其中，前两者用于薄板单层焊接，后者用于中厚板多层焊接。在程序中可以定义焊接开始参数、焊接时参数、焊接结束参数、焊枪摆动参数等信息。

单层样板焊缝主要包含开始点、结束点、参考点。多层样板焊缝的定义主要用于单路径的多层焊。第一层称作根层，后续焊接层称作覆盖层。编程时，覆盖层只需指定开始点，目标点在调用时会根据根层的姿态和覆盖层开始点自动计算生成。

焊接机器人横隔板焊接

对于尺寸大的机架焊缝，由于坡口角度为 45°，在打底焊时，为了不发生焊枪喷嘴与机架的碰撞，焊枪喷嘴的高度有些大，通常在 25 mm 左右。在每一道焊缝的起点处，添加双机器人联动点设置，以保证焊缝起点同步施焊；在翻转变位机时，为了防止机架与机器人碰撞，也设置联动点，以确保变位机的安全旋转。

考虑到实际焊缝焊接的时间较长，焊枪喷嘴容易粘接飞溅的金属颗粒，从而需要清理焊枪喷嘴，因此在变位机翻转步点之后的一个安全步点调用焊枪清理程序。考虑到机架焊接变形，可能焊缝不是经多层多道一次焊接完成，而是先焊接其中的几道焊缝，再填充后面的几道焊缝，因此需要调整焊接程序，并设置合理的样板焊缝调用参数。

如果需要实现焊缝的电弧跟踪，则必须使用焊枪摆动功能。在焊接中进行摆动的同时，电弧跟踪功能根据焊接电流反馈值的变化，寻找焊接坡口的中心，实时修正焊接工件的偏差。

在多层多道焊接中，若第一道使用了电弧跟踪，实时修正产生的偏移点将自动保存，这些偏移点将在后续的道次中用到，以保证整个焊缝实际位置的准确焊接。当工件发生偏移，导致焊缝焊接起点也偏移后，可添加寻踪定位程序块，结合焊缝电弧跟踪功能，较好地实现实际焊缝位置的焊接。

在实际焊缝焊接过程中，为了达到良好的焊缝成形及提高焊接效率，焊枪摆动在机器人焊接中得到了较好的应用。焊枪在摆动点的角度和该层焊缝起始点位置保持一致。在组合路径连续焊接时，若整个路径的摆动模式要求一致，则摆动点只需在组合路径的起始处定义。对每一段可以设定摆动，也可以设定不摆动。另外，焊枪摆动点可以直接示教获得，增加了摆动设置的灵活性。

焊接程序添加样板焊缝后，整个运行时间在 5 h 左右，大型号的机架的焊接时间则更长。在实际机架焊接的条件下，要完成一个机架的焊接，还包含机架的安装及卸载时间，估计需 30 min 左右。下载离线程序到现场控制柜，需进行现场调试，必要时进行寻踪定位以及焊缝起终点等位置的在线调整，以使程序能够进行实际机架的正常焊接，并保证焊接出合格的产品。

【拓展阅读】

焊接机器人的多层多道焊接技术

随着工业生产自动化程度的不断提高，焊接机器人已经成为现代制造业中不可或缺的一部分。在众多焊接应用中，多层多道焊接技术因具有高效、稳定的特点而备受关注。

1. 多层多道焊接技术简介

多层多道焊接技术是指在同一焊接过程中，通过逐层堆叠的方式实现焊接接头的连接。与传统单道焊接相比，多层多道焊接具有以下优点。

（1）提高焊接效率：多层多道焊接可以在较短的时间内完成较厚的焊接接头，从而提高焊接效率。

（2）改善焊接质量：多层多道焊接可以有效地控制焊接过程中的热输入，降低焊接变形和应力，提高焊接接头的质量。

（3）适应性强：多层多道焊接可以应用于各种焊接材料和焊接结构，具有较强的适应性。

板-板 T 形接头机器人平角焊任务编程动画 50 秒加标题

2. 焊接机器人在多层多道焊接中的应用

焊接机器人具有高度灵活性和精确控制能力，使其在多层多道焊接中具有明显优势。焊接机器人可以实现以下功能。

（1）精确的路径规划：焊接机器人可以根据工件的形状和焊接要求，精确规划焊接路径，确保焊接过程的顺利进行。

（2）自适应调整：焊接机器人具备激光传感器等检测设备，可以实时监测焊接过程中的参数变化，自动调整焊接参数，保证焊接质量。

角焊缝施焊实训

（3）智能化控制：焊接机器人可以通过内置的控制系统，实现对焊接过程的智能化控制，提高焊接效率和稳定性。

（4）多样化焊接方式：焊接机器人可以实现多种焊接方式，如气体保护焊、激光焊等，满足不同焊接需求。

3. 焊接机器人的多层多道焊接技术发展趋势

焊接机器人在多层多道焊接中具有明显优势，并且有以下的发展趋势。

（1）提高焊接速度：随着焊接机器人技术的不断发展，焊接速度将进一步提高，从而提高生产效率。

（2）智能化程度提升：焊接机器人将具备更强的自主学习和适应能力，实现更智能化的焊接过程控制。

（3）多样化应用：焊接机器人的多层多道焊接技术将在更多领域得到应用，如航空航天、汽车制造、造船等。

（4）绿色焊接：焊接机器人将更加注重环保，实现绿色焊接，降低对环境的影响。

焊接机器人的多层多道焊接技术在提高焊接效率、稳定性和质量方面具有显著优势。随着技术的不断发展和应用领域的拓展，焊接机器人将在现代制造业中发挥更加重要的作用。

项目小结

焊接机器人系统可以简单理解为机器人系统加焊接系统。通常从用途角度将焊接机器人分为点焊机器人和弧焊机器人两类。点焊机器人由机器人本体、计算机控制系统、示教器和点焊焊接系统等部分组成。弧焊机器人一般由示教器、控制器、机器人本体及自动送丝装置、弧焊电源等部分组成。焊接用的工业机器人基本上都属于电驱动的6轴关节式机器人。机器人的驱动器除满足功率要求外,还应考虑是否能够在较大的惯性负载条件下提供足够的加速度,以满足作业要求。

简易弧焊机器人工作站一般由弧焊机器人(包括机器人本体、机器人控制柜、示教器、弧焊电源和接口、送丝机、焊丝盘支架、送丝软管、焊枪、防撞传感器、操作控制盘及各设备间相连接的电线、气管和冷却水管等)、机器人底座、工作台、工件夹具及围栏、安全保护设施和排烟罩等部分组成。

机器人编程主要有现场示教和离线编程。当焊接现场的焊缝众多且形式不一,采用现场在线示教编写完整焊接程序需要大量时间时,可采用离线编写焊接程序,只有经仿真运动检验,没有出现机器人位姿无法到达以及任何碰撞等问题,整个运动路径程序才是安全的。

焊接机器人的多层多道焊接技术

复习思考题

1. 工业机器人焊接工作站由哪些部分组成?
2. 工业机器人焊接工作站工作过程是什么?
3. 对点焊机器人系统的要求是什么?查询机器人公司网站,了解产品相关参数。
4. 对弧焊机器人系统的要求是什么?查询机器人公司网站,了解产品相关参数。
5. 对激光焊机器人系统的要求是什么?查询机器人公司网站,了解产品相关参数。
6. 在焊接机器人系统中,常用的传感器有哪些?
7. 车用横梁焊接总成机器人焊接生产线项目由哪几个工位组成?各工位完成哪些工序?
8. 尝试使用VR虚拟焊接机器人操作系统编程,完成板对接虚拟仿真施焊作业。
9. 尝试使用智能制造实训中心焊接机器人设备现场编程,完成T形角焊缝实物施焊作业。

在焊接应用中的“免示教”技术

参考文献

[1] 戴建树,龙昌茂. 焊接自动化技术及应用[M]. 北京:机械工业出版社,2015.

[2] 冒心远. 焊接自动化技术[M]. 北京:机械工业出版社,2020.

[3] 王长文. 焊接自动化技术及应用[M]. 北京:机械工业出版社,2017.

[4] 陈书锦. 焊接自动化技术[M]. 北京:科学出版社,2020.

[5] 侍寿永. 西门子 S7-1200PLC 编程及应用教程[M]. 2 版. 北京:机械工业出版社,2021.

[6] 王静霞. 单片机应用技术(C 语言版)[M]. 4 版. 北京:电子工业出版社,2019.

[7] 邱葭菲,许妍妩,庞浩. 工业机器人焊接技术及行业应用[M]. 北京:高等教育出版社,2018.

[8] 谢敏,钱丹浩. 工业机器人技术基础[M]. 北京:机械工业出版社,2021.

[9] 于玲. 工业机器人虚拟仿真技术[M]. 北京:北京邮电大学出版社,2019.

[10] 刘伟,周广涛,王玉松. 焊接机器人基本操作及应用[M]. 2 版. 北京:电子工业出版社,2015.

[11] 陈晓军. 传感器与检测技术项目式教程[M]. 北京:电子工业出版社,2014.

[12] 梅晓榕. 自动控制原理[M]. 北京:科学出版社,2002.

[13] 郝建豹,林子其. 自动控制系统[M]. 北京:机械工业出版社,2019.

[14] 胡绳荪. 现代弧焊电源及其控制[M]. 北京:机械工业出版社,2007.

[15] 黄石生. 弧焊电源及其数字化控制[M]. 北京:机械工业出版社,2006.